21 世纪复旦大学研究生教学用书

# 随机分析引论

钱忠民　应坚刚　编著

復旦大學 出版社

## 内 容 提 要

本书内容包括概率论基础介绍,离散时间鞅论,连续时间鞅论,布朗运动构造和性质,随机积分理论,伊藤公式及其应用,随机微分方程简介. 本书以基础概率论为起点,重点讲述鞅论与随机积分,深入浅出,内容涵盖了 20 世纪随机分析方向的主要的基础性成果,在强调整个理论方面逻辑严谨的同时,也注重问题的直观背景及应用前景. 全书各节还配备一定数量的习题,以帮助学生更好地理解和掌握随机过程理论的思想和方法.

# 编辑出版说明

21世纪，随着科学技术的突飞猛进和知识经济的迅速发展，世界将发生深刻变化，国际间的竞争日趋激烈，高层次人才的教育正面临空前的发展机遇与巨大挑战.

研究生教育是教育结构中高层次的教育，肩负着为国家现代化建设培养高素质、高层次创造性人才的重任，是我国增强综合国力、增强国际竞争力的重要支撑.为了提高研究生的培养质量和研究生教学的整体水平，必须加强研究生的教材建设，更新教学内容，把创新能力和创新精神的培养放到突出位置上，必须建立适应新的教学和科研要求的有复旦特色的研究生教学用书.

"21世纪复旦大学研究生教学用书"正是为适应这一新形势而编辑出版的."21世纪复旦大学研究生教学用书"分文科、理科和医科三大类，主要出版硕士研究生学位基础课和学位专业课的教材，同时酌情出版一些使用面广、质量较高的选修课及博士研究生学位基础课教材.这些教材除可作为相关学科的研究生教学用书外，还可以供有关学者和人员参考.

收入"21世纪复旦大学研究生教学用书"的教材，大都是作者在编写成讲义后，经过多年教学实践、反复修改后才定稿的.这些作者大都治学严谨，教学实践经验丰富，教学效果也比较显著.由于我们对编辑工作尚缺乏经验，不足之处，敬请读者指正，以便我们在将来再版时加以更正和提高.

复旦大学研究生院

# 引 言

本书基于作者在过去 15 年间在各种相关课程上的讲稿讲义. 这些讲稿所包含的材料由两位作者在华东师范大学, 英国帝国理工大学, 牛津大学, 复旦大学等学校的各层次的课堂上多次授课, 这些材料特别地为随机分析, 随机模型, 数理金融等那些为了对 Itô 微积分以及其中的一些计算技巧有所了解的从业者所欢迎.

一个随机微分方程是带有随机扰动 (其强度依赖于对象的时间与位置) 的微分方程, 其形式如下

$$\frac{\mathrm{d}X_t}{\mathrm{d}t} = A(t, X_t) + \sigma(t, X_t)\dot{W}_t.$$

概率论的中心极限定理提示 $\dot{W}_t$ 应该具有正态分布, 且为了简单起见, 应该在不同的时间点是独立的. 这样的随机扰动可以理想地用 Brown 运动来作为模型, 所谓 Brown 运动是描述花粉在液体中的移动所建立的数学模型, 作为一种生物现象, 它是由植物学家 R. Brown 首先观察并描述下来的, Brown 运动的数学形式及其分布是由 A. Einstein 在一篇发表于 1905 年 Annalen der Physik 17, 549-560 的题为 "On the motion of small particles suspended in liquids at rest required by the molecular-kinetic theory of heat" 的论文中导出的. 大约在同时, 1900 年, L. Bachelier 递交了他的题为 "Théorie de la spéculation" 的博士论文, 其中使用了 Brown 运动来模拟股票市场, 他的结果发表在 Ann. Sci. Ecole Norm. sup., 17 (1900), 21-86, 被认为是第一篇将 Brown 运动应用于金融的论文.

然而, Brown 运动的一个数学构造或者说 Brown 运动的轨道连续性是在 1923 年由美国数学家 N. Wiener 在其论文 "Differential space", J. Math. Phys. 2, 132-174 中完成的, 有关 Brown 运动的丰富多彩的结果以及不寻常的性质是由 P. Lévy 在上个世纪的 30 到 40 年代所揭示的, 其中 Lévy 证明了 Brown 运动的几乎所有轨道是无处可微的, 因此其关于时间的导数 $\dot{W}_t$ 在通常意义下不存在, 故而我们有必要将前面的随机微分方程重新写成为

$$\mathrm{d}X_t = A(t, X_t)\mathrm{d}t + \sigma(t, X_t)\mathrm{d}W_t,$$

它必须被解释为下面的积分方程

$$X_t - X_0 = \int_0^t A(s, X_s)\mathrm{d}s + \int_0^t \sigma(s, X_s)\mathrm{d}W_s.$$

也就是说, 我们需要定义类似

$$\int \sigma(t, X_t)\mathrm{d}W_t$$

形式的积分，它显然也不会在通常意义下存在. K. Itô 在 1940 年代首次为 Brown 运动建立了积分理论，因此建立了随机微分方程的理论，除了在其他数学领域的应用，Itô 理论的最近的最为辉煌的应用是在金融理论领域. 尽管 Itô 本人并没有获得 Fields 奖，但他的名字由于许多应用 Itô 微积分理论的杰出工作获得 Nobel 奖的经济学家 (例如 1990 年的 H. Markowitz, W. Sharpe and M. Miller, 1997 年的 Robert Merton, and M. Scholes) 而被世人熟知.

本书的基本框架基于第一位作者在牛津大学讲授该课程时的讲义，第二位作者根据在复旦大学的教学所需补充或者改写了一些内容，并添加了习题. 本书所覆盖的内容为那些对随机模型及其在金融随机控制等领域的应用感兴趣的人提供了必要的随机分析知识，且对那些专修纯粹数学如分析，微分几何，泛函分析，调和分析，数学物理以及偏微分方程等方向的学生也有很好的参考价值. 感谢修读此课程的许多同学，指出了书中存在的很多错误. 感谢复旦大学研究生院的资助，同时感谢研究生院先梦涵老师的支持，最后要感谢复旦大学出版社的陆俊杰编辑，他仔细阅读书稿并改正了其中很多文字错误.

钱忠民　University of Oxford, UK
应坚刚　复旦大学

# 目录

**第一章 预备知识**    1
    1.1 可测结构 . . . . . . . . . . . . . . . . . . . . . . . . . 1
    1.2 随机变量与收敛性 . . . . . . . . . . . . . . . . . . . . 11
    1.3 特征函数 . . . . . . . . . . . . . . . . . . . . . . . . . 15
    1.4 条件数学期望 . . . . . . . . . . . . . . . . . . . . . . 18
    1.5 习题与解答 . . . . . . . . . . . . . . . . . . . . . . . 22

**第二章 鞅论基础**    23
    2.1 离散时间鞅 . . . . . . . . . . . . . . . . . . . . . . . 23
    2.2 流与停时 . . . . . . . . . . . . . . . . . . . . . . . . . 35
    2.3 连续时间鞅 . . . . . . . . . . . . . . . . . . . . . . . 39
    2.4 习题与解答 . . . . . . . . . . . . . . . . . . . . . . . 43

**第三章 Brown 运动**    48
    3.1 随机过程与无穷维空间上的概率测度 . . . . . . . . . 48
    3.2 热核半群与 Brown 运动 . . . . . . . . . . . . . . . . 56
    3.3 Brown 运动的构造 . . . . . . . . . . . . . . . . . . . 58
    3.4 Brown 运动的性质 . . . . . . . . . . . . . . . . . . . 60
       3.4.1 变换 . . . . . . . . . . . . . . . . . . . . . . . 60
       3.4.2 Markov 性 . . . . . . . . . . . . . . . . . . . . 62
       3.4.3 反射原理 . . . . . . . . . . . . . . . . . . . . . 63
       3.4.4 鞅性质 . . . . . . . . . . . . . . . . . . . . . . 65
    3.5 Brown 运动的变差 . . . . . . . . . . . . . . . . . . . 69

3.6　习题与解答 . . . . . . . . . . . . . . . . . . . . . . . . . 71

## 第四章　Itô 积分　　79
　　4.1　引论 . . . . . . . . . . . . . . . . . . . . . . . . . . . . . 79
　　4.2　经典随机积分 . . . . . . . . . . . . . . . . . . . . . . . 81
　　4.3　二次变差过程 . . . . . . . . . . . . . . . . . . . . . . . 89
　　4.4　连续鞅的随机积分 . . . . . . . . . . . . . . . . . . . . 99
　　　　4.4.1　关于连续平方可积鞅的随机积分 . . . . . . . . 99
　　　　4.4.2　Kunita-Watanabe 不等式 . . . . . . . . . . . . 103
　　　　4.4.3　扩展至连续局部鞅 . . . . . . . . . . . . . . . . 104
　　　　4.4.4　扩展至连续半鞅 . . . . . . . . . . . . . . . . . 106
　　4.5　习题与解答 . . . . . . . . . . . . . . . . . . . . . . . . 108

## 第五章　Itô 公式及其应用　　110
　　5.1　Itô 公式 . . . . . . . . . . . . . . . . . . . . . . . . . . 110
　　5.2　Itô 公式的应用 . . . . . . . . . . . . . . . . . . . . . . 114
　　　　5.2.1　随机指数 . . . . . . . . . . . . . . . . . . . . . 115
　　　　5.2.2　Lévy 的 Brown 运动鞅刻画 . . . . . . . . . . . 119
　　　　5.2.3　连续局部鞅是 Brown 运动的时间变换 . . . . . 120
　　　　5.2.4　Girsanov 定理 . . . . . . . . . . . . . . . . . . 122
　　　　5.2.5　鞅表示定理 . . . . . . . . . . . . . . . . . . . . 128
　　5.3　习题与解答 . . . . . . . . . . . . . . . . . . . . . . . . 131

## 第六章　随机微分方程　　133
　　6.1　引论 . . . . . . . . . . . . . . . . . . . . . . . . . . . . 133
　　6.2　随机微分方程的一些例子 . . . . . . . . . . . . . . . . 135
　　　　6.2.1　线性 Gauss 扩散 . . . . . . . . . . . . . . . . . 135
　　　　6.2.2　几何 Brown 运动 . . . . . . . . . . . . . . . . . 137
　　　　6.2.3　Girsanov 公式 . . . . . . . . . . . . . . . . . . 138
　　6.3　随机微分方程基本定理 . . . . . . . . . . . . . . . . . 140
　　6.4　强解: 存在唯一性 . . . . . . . . . . . . . . . . . . . . 141
　　6.5　鞅与弱解 . . . . . . . . . . . . . . . . . . . . . . . . . 145
　　6.6　习题与解答 . . . . . . . . . . . . . . . . . . . . . . . . 149

# 第一章 预备知识

随机分析主要是指关于 Brown 运动的积分理论,是由日本数学家 K.Itô 建立起来的,它之所以特别,是因为它不能用通常的积分理论来解释. 在数学家的世界里,随机分析理论其实是很直观清晰的,它在金融中也有重要而本质的应用,但是要说清楚或者理解这套理论,所需要的语言是有点烦琐的测度论,可以这么说,没有这个语言,是无法讲清楚随机分析的.

19 世纪末,由于 Riemann, Lebesgue 等学者的工作,分析中最重要的测度和积分理论趋于完善,数学家们理解了怎么给一个集合的子集赋予一个满足可列可加性的测度,理解了从这样的测度开始可以建立一个标准的积分理论,因此测度与积分变成为分析的一个基础的理论,测度的结构也成为数学理论中的一个与代数结构,拓扑结构同等重要的结构. 到 20 世纪 30 年代,Kolmogorov 把概率作为一个特殊的测度,使得概率论建立在一个严密而成熟的公理体系上,随机变量无非就是可测函数,随机变量的期望恰好就是积分. 这样我们可以把概率的基础放在一边,专心关注概率论自己感兴趣的问题. 我们期望读者已经初步熟悉概率论和实变函数 (Lebesgue 测度及其积分理论) 的基本知识. 在这一章中,我们将简单地 (大多数没有证明) 回顾测度论和概率论的基本概念,有些将给予证明. 这些符号和语言在随机分析中是非常重要的. 本章的内容参考 E.B.Dynkin 的名著 [7].

## 1.1 可测结构

在本书中,集合 $\mathbb{R}$ 表示实数集,$\mathbb{Q}$ 表示有理数集,$\mathbb{Z}$ 表示整数集,$\mathbb{N}$ 表示自然数集,下标 $+$ 表示非负元素全体,如 $\mathbb{R}_+$ 表示非负实数集,其他类似. 我们假设读者熟悉集合的关系和运算.

**定义 1.1.1** 非空集合 $\Omega$ 的一个非空子集类 $\mathscr{F}$ 称为是 $\Omega$ 上的 $\sigma$-代数 (或 $\sigma$-域), 如果它对于补集运算和可列并运算封闭.

容易验证, $\sigma$-代数一定包含有 $\varnothing, \Omega$ 为元素且对于有限交, 有限并及可列交等运算都是封闭的. 集合上的一个 $\sigma$-代数通常看作为集合上的可测结构, $\Omega$ 及其上的一个 $\sigma$-代数 $\mathscr{F}$ 组成的偶 $(\Omega, \mathscr{F})$ 称为是一个可测空间, 其中的集合称为可测集. 显然子集类 $2^{\Omega}$ 与 $\{\varnothing, \Omega\}$ 是 $\Omega$ 上的 $\sigma$-代数, 它们是 $\Omega$ 上的平凡 $\sigma$-代数.

由定义不难验证 $\Omega$ 上任意多个 $\sigma$-代数的交也是一个 $\sigma$-代数, 设 $\mathscr{A}$ 是 $\Omega$ 上一个子集类, 用 $C(\mathscr{A})$ 表示 $\Omega$ 上包含 $\mathscr{A}$ 为子集的 $\sigma$-代数全体, 因为 $2^{\Omega} \in C(\mathscr{A})$, 故 $C(\mathscr{A})$ 是非空的, 记

$$\sigma(\mathscr{A}) := \bigcap_{\mathscr{F} \in C(\mathscr{A})} \mathscr{F}.$$

(在本书中, 记号 := 读作被定义为.) 则 $\sigma(\mathscr{A})$ 是 $\Omega$ 上的 $\sigma$-代数, 它是由下列条件所唯一确定的 $\sigma$-代数 $\mathscr{F}$: (i) $\mathscr{F} \supset \mathscr{A}$; (ii) 若 $\mathscr{F}'$ 是 $\sigma$-代数且 $\mathscr{F}' \supset \mathscr{A}$, 则 $\mathscr{F}' \supset \mathscr{F}$. 因此称 $\sigma(\mathscr{A})$ 是包含 $\mathscr{A}$ 的最小 $\sigma$-代数或由 $\mathscr{A}$ 生成的 $\sigma$-代数. 这是生成大多数重要的 $\sigma$-代数的常用方法.

如果 $\Omega$ 是一个拓扑空间, 则其所有开集组成的集类生成的 $\sigma$-代数称为是 $\Omega$ 上的 Borel 代数, 记为 $\mathscr{B}(\Omega)$, 因为开集的补集是闭集, 故它也是全体闭集生成的 $\sigma$-代数. 对于 Euclid 空间, 我们记 $\mathscr{B}(\mathbb{R}^n)$ 或 $\mathscr{B}^n$ 是 $n$-维 Euclid 空间 $\mathbb{R}^n$ 上的 Borel 代数.

设 $\Omega, \Omega'$ 是两个非空集合, $f$ 是 $\Omega$ 到 $\Omega'$ 的一个映射. 对 $A' \subset \Omega'$, 定义

$$f^{-1}(A') := \{\omega \in \Omega : f(\omega) \in A'\}.$$

**练习 1.1.1** 验证下列性质:

(1) $f^{-1}(\Omega') = \Omega$, $f^{-1}(\varnothing) = \varnothing$;

(2) $f^{-1}[(A')^c] = [f^{-1}(A')]^c$;

(3) 对任何子集列 $\{A_i'\}$, $f^{-1}(\bigcup_i A_i') = \bigcup_i f^{-1}(A_i')$.

设 $\mathscr{A}'$ 是 $\Omega'$ 的一个子集类, 令

$$f^{-1}(\mathscr{A}') := \{f^{-1}(A') : A' \in \mathscr{A}'\},$$

则由上述性质, 如果 $\mathscr{A}'$ 是 $\Omega'$ 上 $\sigma$-代数, $f^{-1}(\mathscr{A}')$ 是 $\Omega$ 上 $\sigma$-代数.

## 1.1 可测结构

**练习 1.1.2** 设 $\Omega, \Omega'$ 是两个非空集合, $f$ 是 $\Omega$ 到 $\Omega'$ 的一个映射, 设 $\mathscr{A}'$ 是 $\Omega'$ 的一个子集类. 证明: $\sigma[f^{-1}(\mathscr{A}')] = f^{-1}[\sigma(\mathscr{A}')]$.

**定义 1.1.2** 可测空间 $(\Omega, \mathscr{F})$ 到可测空间 $(\Omega', \mathscr{F}')$ 的映射 $f$ 称为是可测的 (或明确地, $\mathscr{F}/\mathscr{F}'$- 可测的), 如果 $f^{-1}(\mathscr{F}') \subset \mathscr{F}$. 从可测空间 $(\Omega, \mathscr{F})$ 到 $(\mathbb{R}, \mathscr{B})$ 的可测映射称为可测函数 (或者 $\mathscr{F}$- 可测函数). 从 $(\mathbb{R}^n, \mathscr{B}^n)$ 到 $(\mathbb{R}^m, \mathscr{B}^m)$ 的可测映射称为 Borel 可测映射.

最简单的函数是示性函数. 对 $A \subset \Omega$, 定义 $A$ 的示性函数

$$1_A(\omega) = \begin{cases} 1, & \omega \in A, \\ 0, & \omega \notin A. \end{cases}$$

另外有限个示性函数的线性组合称为简单函数. 显然示性函数可测当且仅当集合可测. 对 $\Omega$ 上任何非负函数 $f$, 令

$$f_n(\omega) := \sum_{k=1}^{n2^n} \frac{k-1}{2^n} 1_{[\frac{k-1}{2^n}, \frac{k}{2^n})}(f(\omega)) + n 1_{[n, +\infty)}(f(\omega)),$$

那么 $f_n$ 是示性函数的有限线性组合, 关于 $n$ 递增且极限是 $f$. 换句话说, 非负函数可以写成为非负简单函数递增列的极限.

称一个子集类是 $\pi$- 类, 如果它对有限交封闭. 而称一个子集类是 $\lambda$- 系, 如果它包含有 $\emptyset, \Omega$ 且对于补集运算与不交可列并运算封闭. 显然, 代数当然是 $\pi$- 类, $\sigma$- 代数是 $\lambda$- 系, 反之不对. 容易看出任意多个 $\lambda$- 系的交仍是 $\lambda$- 系, 因此对 $\Omega$ 的任何子集类 $\mathscr{A}$, 唯一存在一个包含 $\mathscr{A}$ 的最小 $\lambda$- 系, 记为 $\delta(\mathscr{A})$, 也类似地称为由 $\mathscr{A}$ 生成的 $\lambda$- 系.

**定理 1.1.1** 设 $\mathscr{F}_0$ 是一个 $\pi$- 类, 则 $\delta(\mathscr{F}_0)$ 是一个 $\sigma$- 代数, 因此 $\sigma(\mathscr{F}_0) = \delta(\mathscr{F}_0)$.

**证明.** 由定义, 仅须验证 $\delta(\mathscr{F}_0)$ 对有限交运算封闭. 任取 $A \in \delta(\mathscr{F}_0)$, 定义

$$\kappa[A] := \{B \in \delta(\mathscr{F}_0) : A \cap B \in \delta(\mathscr{F}_0)\}.$$

先验证 $\kappa[A]$ 是一个 $\lambda$- 系. 事实上, 只需证明 $\kappa[A]$ (i) 对补集运算封闭; (ii) 对不相交集列的可列并运算封闭. 这两点的验证留作习题.

因 $\mathscr{F}_0$ 是 $\pi$- 类, 故 $A \in \mathscr{F}_0$ 蕴含着 $\kappa[A] \supset \mathscr{F}_0$ 即 $\kappa[A] \supset \delta(\mathscr{F}_0)$. 这意味着当 $A \in \delta(\mathscr{F}_0)$ 时, $\kappa[A] \supset \mathscr{F}_0$. 因此 $\kappa[A] \supset \delta(\mathscr{F}_0)$, 即 $\delta(\mathscr{F}_0)$ 中元素对有限交运算封闭. □

由此推出很有用的单调类定理. 单调类定理有多种表述方式, 我们选其中对于概率测度使用方便的一个. $\Omega$ 上的一个函数空间 $\mathscr{H}$ 被称为是一个单调类, 如果它对非负递增列极限封闭, 确切地说是指对其中任何关于 $n$ 点点递增且极限是有界的非负函数列 $\{f_n\}$ 有 $\lim_n f_n \in \mathscr{H}$; 说 $\mathscr{H}$ 包含一个子集类 $\mathscr{A}$ 是指它包含所有 $\mathscr{A}$ 中所有集合的示性函数.

**定理 1.1.2** 设 $\mathscr{H}$ 是 $\Omega$ 上的一个单调类且 $1 \in \mathscr{H}$. 若 $\mathscr{H}$ 包含有 $\pi$- 类 $\mathscr{F}_0$, 则 $\mathscr{H}$ 包含 $\Omega$ 上的有界的 $\sigma(\mathscr{F}_0)$- 可测函数全体.

**证明.** 设 $\mathscr{F}$ 是 $\mathscr{H}$ 中所有示性函数对应的集合组成的子集类, 则 $\mathscr{F}$ 是 $\lambda$- 系, 因为它包含 $\pi$- 类 $\mathscr{F}_0$, 故包含 $\sigma(\mathscr{F}_0)$. 而非负可测函数可以表示为简单递增函数列的极限, 因此单调类 $\mathscr{H}$ 包含非负有界的 $\sigma(\mathscr{F}_0)$- 可测函数全体, 由线性性质, 推出结论. □

**定义 1.1.3** 设 $(\Omega, \mathscr{F})$ 是一个可测空间, 称 $\mathscr{F}$ 上的一个非负实值广义 (可取无穷值的) 集函数 $\mu$ 为 $(\Omega, \mathscr{F})$ 上的测度, 如果

(1) $\mu(\varnothing) = 0$;

(2) 若 $\{A_n\}$ 是 $\mathscr{F}$ 中的一个互不相交的集列, 则 $\mu(\bigcup_n A_n) = \sum_n \mu(A_n)$. 这个性质称为测度的可列可加性.

这时, 称 $(\Omega, \mathscr{F}, \mu)$ 是测度空间. 如果 $A \in \mathscr{F}, \mu(A) = 0, B \subset A$ 蕴含着 $B \in \mathscr{F}$, 则称 $(\Omega, \mathscr{F}, \mu)$ 是完备测度空间. 当 $\mu(\Omega) < \infty$ 时, 称 $\mu$ 是有限测度; 当 $\mu(\Omega) = 1$ 时, 称 $\mu$ 为概率测度; 当存在集列 $\{A_n\} \subset \mathscr{F}$ 满足 $\bigcup_n A_n = \Omega$ 与 $\mu(A_n) < \infty$ 时, 称 $\mu$ 是 $\sigma$- 有限测度.

**练习 1.1.3** 任何测度空间在下面的意义下可以完备化. 设 $(\Omega, \mathscr{F}, \mu)$ 是测度空间. 记

$$\mathscr{N} := \{N \subset \Omega : 存在 N' \in \mathscr{F} 使得 N \subset N', \mu(N') = 0\},$$
$$\mathscr{F}^\mu := \sigma(\mathscr{F} \cup \mathscr{N}).$$

$\mathscr{N}$ 中的集合通常称为 $\mu$- 零测集, 那么 $\mathscr{F}^\mu = \{A \cup N : A \in \mathscr{F}, N \in \mathscr{N}\}$. 这样 $\mu$ 自动地延拓到 $\mathscr{F}^\mu$ 上: $\mu(A \cup N) := \mu(A)$. 读者需要验证定义无歧义. 证明: $(\Omega, \mathscr{F}^\mu, \mu)$ 是一个完备测度空间, 称为是原测度空间的完备化.

因此如有必要, 我们总可以假设测度空间是完备的.

## 1.1 可测结构

怎么构造一个测度是测度论最基本的问题. 一般测度的构造是从 Lebesgue 测度的构造抽象出来的. 从一个结构比 $\sigma$ 代数简单很多的代数开始, $\Omega$ 的非空子集类 $\mathscr{F}_0$ 称为代数, 如果它包含空集, 且对余集运算和有限并运算封闭. 也就是说, 把 $\sigma$ 代数的对可列并封闭减弱为对有限并封闭. 虽然看起来相差不多, 但实际上代数的结构可以非常简单.

**练习 1.1.4** 设 $\mathscr{F}_n$ 是 $\sigma$- 代数且关于 $n$ 递增, 证明 $\bigcup_n \mathscr{F}_n$ 是一个代数.

代数 $\mathscr{F}_0$ 上的非负集函数 $\mu$ 称为是测度, 如果 $\mu(\varnothing) = 0$ 且满足可列可加性. 但这里因为 $\mathscr{F}_0$ 对可列并不封闭, 所以满足可列可加性的意思是对任何 $\mathscr{F}_0$ 中的互不相交集列 $\{A_n\}$, 如果 $\bigcup_n A_n \in \mathscr{F}_0$, 则有

$$\mu\left(\bigcup_n A_n\right) = \sum_n \mu(A_n).$$

这个可列可加性可以分解为有限可加性和次可列可加性. $\mathscr{F}_0$ 上的测度 $\mu$ 称为是 $\sigma$-有限的, 如果存在 $A_n \in \mathscr{F}_0$ 使得 $\mu(A_n) < \infty$ 且 $\Omega = \bigcup_n A_n$.

**定理 1.1.3** 设 $\mu$ 是代数 $\mathscr{F}_0$ 上的一个 $\sigma$- 有限测度. 则存在 $(\Omega, \sigma(\mathscr{F}_0))$ 上唯一的测度 $\mu'$ 使得它与 $\mu$ 在 $\mathscr{F}_0$ 上一样, 即 $\mu$ 存在唯一扩张.

这个定理称为测度扩张定理, 是测度论中最重要的定理, 参考 [23] 的第一个定理, 定理 1.1.1, 它的两个重要应用是 Lebesgue 测度的构造以及第三章的 Kolmogorov 相容性定理.

**练习 1.1.5** 证明: $\mathbb{R}$ 的左开右闭区间的有限并的全体 $\mathscr{A}$ 是一个代数, 它总可以写成不交的有限并. 定义

$$m\left(\bigcup_{i=1}^n (a_i, b_i]\right) = \sum_{i=1}^n (b_i - a_i).$$

证明 $m$ 是 $\mathscr{A}$ 上的测度.

这个 $m$ 在 $\mathscr{B} := \sigma(\mathscr{A})$ 上的扩张称为 Lebesgue 测度, $\mathscr{B}$ 称为是 Borel $\sigma$- 代数, 其中的集合称为 Borel 集. 实际上把测度空间 $(\mathbb{R}, \mathscr{B}, m)$ 完备化后得到的测度空间

$$(\mathbb{R}, \mathscr{L}, m)$$

才是真正的 Lebesgue 测度空间, $\mathscr{L}$ 中的集合称为 Lebesgue 可测集. 可以证明, $\mathscr{L}$ 不能包含 $\mathbb{R}$ 的所有子集, 它也真包含了 $\mathscr{B}$.

对于有限测度, 我们有一个更好用的可列可加性等价条件, 留给读者验证.

**练习 1.1.6** 设 $\mu$ 是 $\Omega$ 的代数 $\mathscr{F}_0$ 上的一个非负的有限可加的集函数且 $\mu(\Omega) < \infty$. 如果对任何递减趋于空集的集列 $\{A_n\} \subset \mathscr{F}_0$ 有 $\mu(A_n) \downarrow 0$, 证明: $\mu$ 是 $\mathscr{F}_0$ 上的测度.

下面我们将介绍像测度的概念, 是把测度从一个空间搬到另一个空间的工具, 它在概率论中是很重要的. 设 $\mu$ 是 $(\Omega, \mathscr{F})$ 上的一个测度, 则可测映射 $f$ 把 $\mu$ 映为 $(\Omega', \mathscr{F}')$ 上的测度 $\mu \circ f^{-1}$ (或记为 $f(\mu)$):

$$\mu \circ f^{-1}(A') := \mu(\xi^{-1}(A')), \quad A' \in \mathscr{F}'.$$

称为 $\mu$ 在 $\xi$ 下的像测度, 或者说 $f$ 把测度 $\mu$ 推送到 $(\Omega', \mathscr{F}')$ 上.

**练习 1.1.7** 验证 $\mu \circ f^{-1}$ 是一个测度.

设 $(\Omega, \mathscr{F}, \mu)$ 是给定的测度空间, $(\overline{\mathbb{R}}, \overline{\mathscr{B}})$ 是广义实值可测空间 (参考实分析中的定义). $(\Omega, \mathscr{F})$ 上的可测函数是指 $(\Omega, \mathscr{F})$ 到 $(\overline{\mathbb{R}}, \overline{\mathscr{B}})$ 的可测映射. $\Omega$ 上的一个可测函数 $f$ 称为是简单的, 如果 $f$ 的值域是有限集, 即存在互不相同的常数 $a_1, \cdots, a_n \in \mathbb{R}$, 使得

$$f(\omega) = \sum_{i=1}^{n} a_i 1_{\{f=a_i\}}(\omega), \quad \omega \in \Omega.$$

如不计次序, 此表达式是唯一的. 这时当下面右边有意义时, 我们定义

$$\mu[f] := \sum_{i=1}^{n} a_i \mu(\{f = a_i\}).$$

注意我们总是约定 $0 \cdot \infty = 0$. 用 $\mathbf{S}^+$ 表示 $\Omega$ 上的非负简单函数全体. 不难验证, 映射 $\mu : \mathbf{S}^+ \to [0, +\infty]$ 是单调的且线性的. 对 $\Omega$ 上的任意非负可测函数 $f$ 定义

$$\mu[f] := \sup\{\mu(g) : 0 \leq g \leq f, g \in \mathbf{S}^+\}.$$

称为是 $f$ 关于 $\mu$ 的积分.

**定义 1.1.4** 设 $f$ 是 $\Omega$ 上可测函数, 记 $f^+$, $f^-$ 分别是 $f$ 的正部和负部, 当 $\mu[f^+]$, $\mu[f^-]$ 两者至少有一个是有限时, 称 $f$ 关于 $\mu$ 的积分存在, 且记 $f$ 关于 $\mu$ 的积分为 $\mu[f] := \mu[f^+] - \mu[f^-]$; 而当 $\mu[f^+]$, $\mu[f^-]$ 两者都有限时, 称 $f$ 关于 $\mu$ 是可积的.

显然, 改变可测函数 $f$ 在一个 $\mu$- 零测集上的值不改变积分的值, 另外如果 $f$ 非负且在一个 $\mu$- 正测度集上等于 $+\infty$, 则 $\mu[f] = +\infty$. 关于积分, 其他常用的记号还有 $\int_\Omega f(\omega)\mu(\mathrm{d}\omega)$, $\int_\Omega f \mathrm{d}\mu$, $\langle f, \mu \rangle$ 等. 另外 $f$ 在可测集 $A \in \mathscr{F}$ 上的积分定义为

## 1.1 可测结构

$\mu[f1_A]$, 常写为 $\int_A f\mathrm{d}\mu$. 有时候, 来自微积分的用于表示积分的形式的微分符号 d 也用来表示测度本身, 可以简化叙述, 比如 $\mu \circ f^{-1}(\mathrm{d}x) = \mu(f \in \mathrm{d}x)$ 理解为对任何可测的 $A$, $\mu \circ f^{-1}(A) = \mu(\{f \in A\})$ 成立.

从定义直接可以推出的性质是积分的单调性: 即如果 $f_1 \leq f_2$ 是非负可测函数, 那么 $\mu[f_1] \leq \mu[f_2]$. 下面所谓的单调收敛定理是积分理论中最基本的也是最重要的定理.

**定理 1.1.4** 设 $\{f_n\}$ 是一个递增收敛于 $f$ 的非负可测函数序列, 则

$$\mu[f] = \uparrow \lim_n \mu[f_n],$$

这里 $\uparrow \lim$ 表示极限是一个递增极限.

**证明.** 由单调性, $\{\mu[f_n]\}$ 是一个单调增加的数列, 且

$$\mu[f] \geq \lim_n \mu[f_n].$$

反之, 任取一个被 $f$ 控制的非负简单函数 $g$ 及 $0 < \lambda < 1$, 令 $A_n := \{f_n \geq \lambda g\}$. 因为在 $\{f > 0\}$ 上, 有 $f > \lambda g$, 故 $A_n \uparrow \Omega$.

$$\mu[f_n] \geq \mu[f_n 1_{A_n}] \geq \lambda \mu[g 1_{A_n}].$$

因 $g$ 是简单的, 故

$$\lim_n \mu[f_n] \geq \lim_n \lambda \mu[g 1_{A_n}] = \lambda \mu[g],$$

最后的等号利用 $\mu$ 在 $\mathbf{S}^+$ 上的线性性及下连续性. 因 $\lambda$ 是任意的, 推出

$$\lim_n \mu[f_n] \geq \mu[g].$$

由 $\mu[f]$ 的定义推出 $\lim_n \mu[f_n] \geq \mu[f]$. 完成了证明. □

一个零测集外成立的性质称为几乎处处成立. 比如, 测度空间 $(\Omega, \mathscr{F}, \mu)$ 上可测函数 $f_1$ 与 $f_2$ 称为几乎处处相等, 是指它们在一个 $\mu$- 零测集外相等, 记为 $f_1 = f_2$, $\mu$-a.e. 在上下文明确时, 简写为 $f_1 = f_2$ a.e. 或 $f_1 = f_2$. 上面定理的单调性可以用几乎处处单调代替. 另外, 任何非负可测函数 $f$ 都可以表示为一个单调上升的非负简单可测函数序列的极限, 如

$$f = \uparrow \lim_{n \to \infty} \left( \sum_{k=1}^{n2^n} \frac{k-1}{2^n} 1_{\{\frac{k-1}{2^n} \leq f < \frac{k}{2^n}\}} + n 1_{\{f \geq n\}} \right),$$

因此由单调收敛定理可以推出其积分是非负简单可测函数序列的积分的单调上升极限，因而积分的性质通常只需对非负简单可测函数验证. 比如用单调收敛定理容易验证对任何非负可测函数 $f, g$ 有 $\mu[f+g] = \mu[f] + \mu[g]$. 然后如果 $f, g$ 可积，那么 $f+g$ 也可积且因为 $(f+g)^+ + f^- + g^- = (f+g)^- + f^+ + g^+$，故由可积性与积分定义推出

$$\mu[f+g] = \mu[f] + \mu[g].$$

读者可自行验证其单调性与其他一些简单性质. 利用这个思想也容易证明下面的关于积分的变量替换公式.

**定理 1.1.5** 设 $f$ 是可测函数，$\phi$ 是 $\mathbb{R}$ 上 Borel 可测函数，则 $\phi$ 在 $\mu \circ f^{-1}$ 下可积当且仅当 $\phi \circ f$ 在 $\mu$ 下可积，且这时有

$$\mu[\phi \circ f] = \mu \circ f^{-1}[\phi].$$

**证明.** 公式显然对 $\phi = 1_A$, $A \in \mathscr{B}$ 成立，然后应用单调类定理. □

上面证明说明，应用单调类定理，证明类似的公式实际上只需要对示性函数证明就可以了，这个方法是概率论最基本的方法之一，读者必须掌握之.

下面我们将介绍的 Fatou 引理和 Lebesgue 控制收敛定理是分析中最重要的工具之一. 先介绍 Fatou 引理.

**定理 1.1.6** (Fatou) 设 $\{f_n\}$ 是非负可测函数序列，则

$$\mu[\underline{\lim}_n f_n] \leq \underline{\lim}_n \mu[f_n].$$

**证明.** 令 $g_n := \inf_{k \geq n} f_k$，则 $\{g_n\}$ 是一个单调增加的非负可测函数序列且 $g_n \leq f_n$，由单调收敛定理，

$$\mu[\underline{\lim}_n f_n] = \mu[\lim_n g_n] = \lim_n \mu[g_n] = \underline{\lim}_n \mu[g_n] \leq \underline{\lim}_n \mu[f_n].$$

□

**例 1.1.1** 设 $m$ 是 $[0,1]$ 上 Lebesgue 测度. 定义

$$f_{2n-1} := 1_{[0,\frac{1}{2})}, \ f_{2n} := 1_{(\frac{1}{2},1]}, \ n \geq 1,$$

则 $\underline{\lim} f_n = 0$ 而 $\underline{\lim} m[f_n] = \frac{1}{2}$.

下面是 Lebesgue 控制收敛定理.

**定理 1.1.7** (Lebesgue) 设 $\{f_n\}$ 是 $\Omega$ 上的可测函数序列, 如果对任何 $\omega \in \Omega$, $\{f_n(\omega)\}$ 收敛且存在一个关于 $\mu$ 可积的可测函数 $g$ 满足 $|f_n| \leq g$, 则 $\mu[\lim f_n] = \lim \mu[f_n]$.

**证明.** 记 $f := \lim_n f_n$. 因为 $\{g - f_n\}$ 与 $\{g + f_n\}$ 都是非负可测函数序列, 利用 Fatou 引理,

$$\mu[g + f] = \mu[\underline{\lim}(g + f_n)] \leq \underline{\lim}\mu[g + f_n] = \mu[g] + \underline{\lim}\mu[f_n].$$

因 $g$ 可积, 故而 $\mu[f] \leq \underline{\lim}\mu[f_n]$. 另一方面, 对 $\{g - f_n\}$ 应用 Fatou 引理, 推出 $\overline{\lim}\mu[f_n] \leq \mu[f]$, 由此得 $\mu[f] = \lim \mu[f_n]$. □

在有限测度空间特别是在概率空间上, 有界可测函数总是可积的, 因而我们有下面的有界收敛定理.

**推论 1.1.1** 设 $(\Omega, \mathscr{F}, \mu)$ 是一个有限测度空间, $\{f_n\}$ 是 $\Omega$ 上的可测函数序列, 如果对任何 $\omega \in \Omega$, $\{f_n(\omega)\}$ 收敛且存在一个常数 $M$ 使得 $|f_n| \leq M$, 则

$$\mu[\lim_n f_n] = \lim_n \mu[f_n].$$

下面我们介绍测度的绝对连续和 Radon-Nikodym 导数. 设 $\mu$ 是可测空间 $(\Omega, \mathscr{F})$ 上测度, $f$ 是非负可测函数, 定义

$$\nu(A) := \mu[f \cdot 1_A], \ A \in \mathscr{F},$$

则 $\nu$ 也是 $(\Omega, \mathscr{F})$ 上测度, 记 $\nu$ 为 $f \cdot \mu$. 对 $A \in \mathscr{F}$, 测度 $1_A \cdot \mu$ 实际上是 $\mu$ 在 $A$ 上的限制. 任给两个测度 $\mu, \nu$, 如果存在一个可测函数 $f$ 使得 $\nu = f \cdot \mu$, 那么我们说 $\nu$ 关于 $\mu$ 是 Radon-Nikodym 可导的, 简称为可导, 并称 $f$ 是 $\nu$ 关于 $\mu$ 的 Radon-Nikodym 导数, 常写为 $\dfrac{d\nu}{d\mu}$, 显然如果可导, 则导数在 $\mu$- 几乎处处相等的意义下唯一. 另外称 $\nu$ 关于 $\mu$ 绝对连续, 如果 $A \in \mathscr{F}$ 且 $\mu(A) = 0$ 蕴含着 $\nu(A) = 0$. 记为 $\nu \ll \mu$.

**练习 1.1.8** 设 $\mu, \nu$ 是 $(\Omega, \mathscr{F})$ 上两个测度, $\nu$ 是有限的. 证明: $\nu \ll \mu$ 当且仅当对任何 $\varepsilon > 0$, 存在 $\delta > 0$, 使得 $\mu(A) < \delta$ 蕴含着 $\nu(A) < \varepsilon$.

显然如果 $\nu$ 关于 $\mu$ 是 Radon-Nikodym 可导的, 则 $\nu \ll \mu$, 但一般地反之不对, 如奇异测度与计数测度, 它们是相互绝对连续的, 但显然计数测度不可能关于奇异测度可导. 但若 $\mu$ 是有限测度时, 逆命题成立.

**定理 1.1.8** (Radon-Nikodym) 设 $\mu$ 与 $\nu$ 分别是可测空间 $(\Omega, \mathscr{F})$ 上一个有限测度和有限符号测度. 如果 $\nu \ll \mu$, 则 $\nu$ 关于 $\mu$ 可导.

如果没有绝对连续性假设, 那么

$$\nu = g \cdot \mu + \lambda,$$

其中测度 $\mu$ 与 $\lambda$ 互相奇异, 即存在可测集 $D$, 使得 $\mu(D^c) = \lambda(D) = 0$. 这时上述分解称为 Lebesgue 分解, 分解是唯一的.

在本节最后我们介绍乘积测度空间与 Fubini 定理. 设

$$(\Omega_1, \mathscr{F}_1, \mu_1), \ (\Omega_2, \mathscr{F}_2, \mu_2)$$

是两个 $\sigma$- 有限测度空间, 记

$$\mathscr{F}_1 \otimes \mathscr{F}_2 := \{A_1 \times A_2 : A_1 \in \mathscr{F}_1, A_2 \in \mathscr{F}_2\},$$

则 $\mathscr{F}_1 \otimes \mathscr{F}_2$ 是乘积空间 $\Omega_1 \times \Omega_2$ 上的一个 $\pi$- 类. 令 $\mathscr{F}_1 \times \mathscr{F}_2 := \sigma(\mathscr{F}_1 \otimes \mathscr{F}_2)$, 称为是乘积 $\sigma$- 代数.

任取 $\Omega_1 \times \Omega_2$ 上非负可测函数 $f$, 容易验证

$$\omega_1 \mapsto \int_{\Omega_2} f(\omega_1, \omega_2) \mu_2(\mathrm{d}\omega_2)$$

是可测函数, 由单调类定理, 当 $\mu_1, \mu_2$ 都是 $\sigma$- 有限时, 对任何非负可测函数 $f$ 有

$$\int_{\Omega_2} \mu_2(\mathrm{d}\omega_2) \int_{\Omega_1} f(\omega_1, \omega_2) \mu_1(\mathrm{d}\omega_1) = \int_{\Omega_1} \mu_1(\mathrm{d}\omega_1) \int_{\Omega_2} f(\omega_1, \omega_2) \mu_2(\mathrm{d}\omega_2). \quad (1.1.1)$$

上式实际上定义了一个乘积空间上的乘积测度 $\mu_1 \times \mu_2$, 而且当两者是 $\sigma$- 有限时, 乘积可以交换. 这时我们有下面的 Fubini 的积分序交换公式.

**定理 1.1.9** (Fubini) 设 $(\Omega_1, \mathscr{F}_1, \mu_1)$ 和 $(\Omega_2, \mathscr{F}_2, \mu_2)$ 是两个 $\sigma$- 有限测度空间, $f$ 是 $(\Omega_1 \times \Omega_2, \mathscr{F}_1 \times \mathscr{F}_2)$ 上的可测函数. 如果 $f$ 是非负的或者可积的, 则二重积分等于累次积分

$$\int_{\Omega_1 \times \Omega_2} f \mathrm{d}\mu_1 \times \mu_2 = \int_{\Omega_1} \mu_1(\mathrm{d}\omega_1) \int_{\Omega_2} f(\omega_1, \omega_2) \mu_2(\mathrm{d}\omega_2)$$
$$= \int_{\Omega_2} \mu_2(\mathrm{d}\omega_2) \int_{\Omega_1} f(\omega_1, \omega_2) \mu_1(\mathrm{d}\omega_1).$$

**例 1.1.2** Fubini 定理条件中的 $\sigma$- 有限性是必需的. 设 $I = [0,1]$, $\mu_1, \mu_2$ 分别是 $I$ 上的 Lebesgue 测度与计数测度. 令

$$f(x,y) := 1_{\{x=y\}},\ x,y \in I,$$

那么容易计算

$$\int_I \mathrm{d}\mu_1 \int_I f\,\mathrm{d}\mu_2 = 1,\ \text{而}\ \int_I \mathrm{d}\mu_2 \int_I f\,\mathrm{d}\mu_1 = 0.$$

因此 Fubini 定理不成立, 原因是计数测度不是 $\sigma$- 有限的. ∎

## 1.2 随机变量与收敛性

**定义 1.2.1** 一个三元组 $(\Omega, \mathscr{F}, \mathbb{P})$ 称为是一个概率空间, 如果 $\Omega$ 是一个非空集合, $\mathscr{F}$ 是 $\Omega$ 上的 $\sigma$- 代数且 $\mathbb{P}$ 是 $(\Omega, \mathscr{F})$ 上的一个概率测度. 这时候, 也称 $\Omega$ 是样本空间, $\mathscr{F}$ 为事件域, $\mathscr{F}$ 中的元素为事件, 而 $\mathbb{P}$ 是概率.

首先让我们考虑 Euclid 空间, 空间 $(\mathbb{R}^n, \mathscr{B}^n)$ 上的一个概率测度称为是一个 $n$-维分布. 一个 1-维分布简称为分布.

下面的正则性结果实际上对所有度量空间上的概率测度都成立.

**定理 1.2.1** 设 $\mu$ 是 $\mathbb{R}^d$ 上的一个分布, 则对任何 Borel 集 $B$, 有

$$\mu(B) = \sup\{\mu(F) : F \subset B, F\ \text{闭}\} = \inf\{\mu(G) : G \supset B, G\ \text{开}\}. \tag{1.2.1}$$

**证明.** 设 $\mathscr{F}$ 是使得上式成立的 Borel 集全体. 它是一个包含开集全体的 $\sigma$ 代数. 事实上, 它对于补集运算的封闭是显然的. 为验证对可列并运算封闭, 首先 $\mathscr{F}$ 对有限并封闭是显然的. 再取 $B = \bigcup B_n$, 其中 $B_n \in \mathscr{F}$ 不交. 对任何 $\varepsilon > 0$ 及 $n \geq 1$, 存在开的 $G_n$ 与闭的 $F_n$, 使得 $G_n \supset B_n \supset F_n$ 且 $\mu(G_n \setminus F_n) < \varepsilon/2^{n+1}$. 另外存在 $n'$ 使得 $\mu(\bigcup_{k>n'} B_k) < \varepsilon/2$. 记 $G = \bigcup G_n$, $F = \bigcup_{n \leq n'} F_n$, 那么 $G$ 开, $F$ 闭, $G \supset B \supset F$, 且

$$\mu(G \setminus F) \leq \sum_{n \leq n'} \mu(G_n \setminus F_n) + \sum_{n > n'} \mu(B_n) < \varepsilon.$$

因此 $B \in \mathscr{F}$.

再证明 $\mathscr{F}$ 包含了所有开集. 事实上, 设 $G$ 是开集, 记 $F_n = \{x \in \mathbb{R}^d : d(x, G^c) > 1/n\}$, $n \geq 1$, 其中 $d$ 是度量, 则 $F_n \uparrow G$, 从而 $\mu(F_n) \uparrow \mu(G)$, 即 $G \in \mathscr{F}$. □

一般地, 概率空间通常是在抽象的集合上定义, 不便运算. 因此在许多情况下, 我们引入随机变量, 将概率投射到 Euclid 空间上讨论. 给定概率空间 $(\Omega, \mathscr{F}, \mathbb{P})$. 一个 $n$- 维随机变量是指 $(\Omega, \mathscr{F})$ 到 $(\mathbb{R}^n, \mathscr{B}^n)$ 的一个可测映射, 一个 1- 维随机变量简称为随机变量. 注意与可测函数不同的是, 随机变量只取有限值. 这时令 $\sigma(\xi) := \xi^{-1}(\mathscr{B})$, 称为是由 $\xi$ 生成的 $\sigma$- 代数, 显然它是 $\Omega$ 上使得 $\xi$ 成为随机变量的最小 $\sigma$- 代数, 类似地如果 $\{\xi_i : i \in I\}$ 是一族随机变量, 那么 $\Omega$ 上使得它们都可测的最小 $\sigma$- 代数称为是由它们生成的 $\sigma$- 代数, 记为 $\sigma(\xi_i : i \in I)$. 实际上, $\sigma(\xi_i : i \in I)$ 等同于子集类 $\bigcup_{i \in I} \sigma(\xi_i)$ 所生成的 $\sigma$ 代数, 如果令

$$\mathscr{A}_0 := \{A_1 \cap \cdots \cap A_n : n \geq 1, A_k \in \sigma(\xi_{i_k}), i_k \in I, 1 \leq k \leq n\},$$

那么 $\mathscr{A}_0$ 是 $\pi$- 类, 且 $\sigma(\xi_i : i \in I) = \sigma(\mathscr{A}_0)$.

设 $\xi$ 是 $\Omega$ 上的 $n$- 维随机向量, 记 $\mu_\xi$ (或记 $\xi(\mathbb{P}), \mathbb{P} \circ \xi^{-1}$) 是概率 $\mathbb{P}$ 在 $\xi$ 下的像测度, 它是 $\mathbb{R}^n$ 上的一个分布, 称为 $\xi$ 的 (联合) 分布, 对应的分布函数称为是 $\xi$ 的分布函数. 给定分布 $\mu$, 如果存在概率空间 $(\Omega, \mathscr{F}, \mathbb{P})$ 及其上随机变量 $\xi$ 使得 $\mu_\xi = \mu$, 称 $\xi$ 是 $\mu$ (在概率空间 $(\Omega, \mathscr{F}, \mathbb{P})$ 上) 的一个实现. 显然任何随机向量都可以实现, 比如在概率空间 $(\mathbb{R}^n, \mathscr{B}(\mathbb{R}^n), \mu)$ 上的恒等映射的分布恰是 $\mu$, 这个实现称为是典则实现, 注意其可测空间与随机变量与 $\mu$ 无关. 两个随机变量称为是同分布的, 如果它们有相同的分布或分布函数. 一个分布通常可以有不同的实现. 不仅是指实现为相同概率空间上的不同随机变量, 而且也可实现在完全不同的概率空间上.

如果一个随机变量 $\xi$ 关于概率测度 $\mathbb{P}$ 可积, 则其积分 $\mathbb{P}[\xi]$ 通常称为是 $\xi$ 的数学期望或均值, 常理解为 $\xi$ 在 $\Omega$ 上的平均, 在概率论中传统或者习惯地写为 $\mathbb{E}[\xi]$. 另外 $\xi$ 在 $A \in \mathscr{F}$ 上的积分也常记为 $\mathbb{E}[\xi; A]$. 由变量替换公式得

$$\mathbb{E}[\xi] = \int_{\mathbb{R}} x \mu_\xi(\mathrm{d}x).$$

注意符号 $\mathbb{P}$ 与 $\mathbb{E}$ 没有本质区别, $\mathbb{P}$ 习惯用于事件的概率, 而 $\mathbb{E}$ 用于随机变量的期望, 或者 $\mathbb{P}(A) = \mathbb{E}[1_A]$. 进一步地, 设 $f$ 是 $\mathbb{R}$ 上 Borel- 可测函数, 则 $f \circ \xi$ 也是随机变量, 如果可积, 由变量替换公式和定理 1.1.5, 有

$$\mathbb{E}[f(\xi)] = \int_{\mathbb{R}} f(x) \mu_\xi(\mathrm{d}x) = \int_{-\infty}^{+\infty} f(x) \mathrm{d}F_\xi(x).$$

上式右边是 Lebesgue-Stieltjes 意义的积分, 当 $f$ 连续时是 Riemann-Stieltjes 意义的.

## 1.2 随机变量与收敛性

我们接着介绍随机变量序列的收敛性, 在随机分析中非常有用, 最有用的是下面简单的引理.

**定理 1.2.2** (Borel-Cantelli) 设 $\{A_n\}$ 是事件列.

(1) 若 $\sum_{n=1}^{\infty} \mathbb{P}(A_n) < \infty$, 则 $\mathbb{P}(\overline{\lim}_n A_n) = 0$;

(2) 若 $\{A_n\}$ 是独立事件列且 $\sum_n \mathbb{P}(A_n) = \infty$, 则 $\mathbb{P}(\overline{\lim}_n A_n) = 1$.

**证明.** (1) 首先 $\mathbb{P}(\overline{\lim}_n A_n) = \lim_n \mathbb{P}(\bigcup_{k \geq n} A_k)$, 而

$$\mathbb{P}(\bigcup_{k \geq n} A_k) \leq \sum_{k \geq n} \mathbb{P}(A_k) \longrightarrow 0,$$

因为级数 $\sum_{n=1}^{\infty} \mathbb{P}(A_n)$ 收敛.

(2) 对 $n < N$, 由于 $\{A_n\}$ 独立,

$$\mathbb{P}(\bigcap_{k=n}^{N} A_k^c) = \prod_{k=n}^{N}(1 - \mathbb{P}(A_k)) \leq \prod_{k=n}^{N} e^{-\mathbb{P}(A_k)} = e^{-\sum_{k=n}^{N} \mathbb{P}(A_k)}.$$

得 $\lim_N \mathbb{P}(\bigcap_{k=n}^{N} A_k^c) = 0$, 即 $\mathbb{P}(\bigcup_{k=n}^{\infty} A_k) = 1$, 故 $\mathbb{P}(\overline{\lim}_n A_n) = 1$. □

**定义 1.2.2** 设 $\{\xi_n\}$ 是一个随机变量序列, $\xi$ 是一个随机变量.

(1) 称 $\{\xi_n\}$ 依概率收敛于 $\xi$, 如果对任何 $\varepsilon > 0$,

$$\lim_n \mathbb{P}(\{\omega \in \Omega : |\xi_n(\omega) - \xi(\omega)| \geq \varepsilon\}) = 0,$$

记为 $\xi_n \xrightarrow{\mathrm{P}} \xi$;

(2) 称 $\{\xi_n\}$ 几乎处处 (或概率 1) 收敛于 $\xi$, 如果

$$\mathbb{P}(\{\omega \in \Omega : \lim_n \xi_n(\omega) = \xi(\omega)\}) = 1,$$

记为 $\xi_n \xrightarrow{\mathrm{a.s.}} \xi$;

(3) 称 $\{\xi_n\}$ $L^r$- 收敛于 $\xi$ ($r \geq 1$), 如果 $\xi_n, \xi \in L^r(\Omega)$ 且

$$\lim_n \mathbb{E}[|\xi_n - \xi|^r] = 0,$$

或者说, $\{\xi_n\}$ 在 $L^r(\Omega)$ 中范收敛于 $\xi$, 记为 $\xi_n \xrightarrow{L^r} \xi$.

我们来分析这几种收敛相互之间的关系. 首先不难看出这几种收敛的极限在几乎处处相等的意义之下是唯一的. 由 Chebyshev 不等式容易看出, 如果 $\xi_n \xrightarrow{L^r} \xi$ (对某个 $r > 0$), 则 $\xi_n \xrightarrow{P} \xi$. 为了弄清依概率收敛与几乎处处收敛之间的关系, 首先容易验证

$$\{\omega : \lim \xi(\omega) = \xi(\omega)\} = \bigcap_{\varepsilon > 0} \bigcup_{N \geq 1} \bigcap_{n \geq N} \{|\xi_n - \xi| < \varepsilon\}.$$

因此如果 $\xi_n \xrightarrow{\text{a.s.}} \xi$, 则对任意 $\varepsilon > 0$, 有

$$\mathbb{P}\left(\bigcup_{N \geq 1} \bigcap_{n \geq N} \{|\xi_n - \xi| < \varepsilon\}\right) = 1.$$

从而由 Fatou 引理

$$\varliminf_n \mathbb{P}(\{|\xi_n - \xi| < \varepsilon\}) \geq \mathbb{P}(\varliminf_n \{|\xi_n - \xi| < \varepsilon\}) = 1.$$

故 $\lim_n \mathbb{P}(\{|\xi_n - \xi| < \varepsilon\}) = 1$, 即 $\xi_n \xrightarrow{P} \xi$, 几乎处处收敛蕴含依概率收敛.

**定理 1.2.3** 设 $\{\xi_n\}$ 是一个随机变量序列, $\xi$ 是一个随机变量.

(1) $\xi_n \xrightarrow{L^r} \xi$ (对某个 $r > 0$) 蕴含着 $\xi_n \xrightarrow{P} \xi$;

(2) $\xi_n \xrightarrow{\text{a.s.}} \xi$ 蕴含着 $\xi_n \xrightarrow{P} \xi$;

(3) 若 $\xi_n \xrightarrow{P} \xi$, 则存在 $\{\xi_n\}$ 的一个子序列 $\{\xi_{n_k}\}$ 几乎处处收敛于 $\xi$.

第三点的证明就是利用 Borel-Cantelli 引理. 为了进一步阐述极限和期望之间的交换问题, 我们引入一致可积的概念, 它本身也是概率论中最为重要的概念之一.

**定义 1.2.3** 一个可积随机变量族 $\{\xi_i : i \in I\}$ 称为是一致可积的, 若

$$\lim_{N \to \infty} \sup_I \mathbb{E}[|\xi_i|; |\xi_i| \geq N] = 0.$$

显然, 如若 $\{\xi_i : i \in I\}$ 被一个可积随机变量所控制, 则 $\{\xi_i\}$ 是一致可积的. 下面定理给出一致可积的一个等价条件.

**定理 1.2.4** 设 $\{\xi_i : i \in I\}$ 是可积随机变量族. 则它是一致可积的充要条件是

(1) 一致绝对连续: 对任何 $\varepsilon > 0$, 存在 $\delta > 0$ 使得当 $A \in \mathscr{F}$, $\mathbb{P}(A) < \delta$ 时, $\sup_{i \in I} \mathbb{E}[|\xi_i|; A] < \varepsilon$;

(2) $L^1$- 有界: $\sup_{i \in I} \mathbb{E}[|\xi_i|] < \infty$.

证明. 必要性. 对任意 $A \in \mathscr{F}, N > 0$, 有

$$\mathbb{E}[|\xi_i|; A] = \mathbb{E}[|\xi_i|; A \cap \{|\xi_i| \geq N\}] + \mathbb{E}[|\xi_i|; A \cap \{|\xi_i| < N\}]$$
$$\leq \mathbb{E}[|\xi_i|; \{|\xi_i| \geq N\}] + N \cdot \mathbb{P}(A).$$

运用一致可积性, 推出 $\{\xi_i\}$ 是一致绝对连续的. 再在上式令 $A = \Omega$, 得

$$\mathbb{E}[|\xi_i|] \leq \mathbb{E}[|\xi_i|; \{|\xi_i| \geq N\}] + N,$$

得到 $\{\xi_i\}$ 的 $L^1$- 有界性.

充分性. 设 $\{\xi_i\}$ 是一致绝对连续且 $L^1$- 有界的. 由 Chebyshev 不等式, 当 $N \to \infty$ 时,

$$\sup_i \mathbb{P}(|\xi_i| \geq N) \leq \frac{1}{N} \sup_i \mathbb{E}[|\xi_i|] \longrightarrow 0.$$

从而由 $\{\xi_i\}$ 的一致绝对连续性得到, 对任何 $\varepsilon > 0$, 存在 $N > 0$, 使得

$$\mathbb{E}[|\xi_i|; \{|\xi_i| \geq N\}] \leq \varepsilon,$$

即一致可积性. □

**练习 1.2.1** 下面是两个一致可积的充分条件:

(1) 被一个可积随机变量控制的随机变量集 $\{\xi_i : i \in I\}$ 一致可积;

(2) 设 $\{\xi_n\}$ 是随机变量列, 存在 $p > 1$ 使得 $\sup_n \mathbb{E}[|\xi_n|^p] < \infty$, 证明: $\{\xi_n\}$ 是一致可积的.

**定理 1.2.5** 可积随机变量序列 $\{\xi_n\}$ $L^1$- 收敛于 $\xi$ 的充要条件是 $\{\xi_n\}$ 是一致可积的且 $\xi_n \xrightarrow{P} \xi$.

证明. 必要性. 首先 $\xi_n \xrightarrow{P} \xi$ 是显然的, $\{\xi_n\}$ 的 $L^1$- 有界性也是显然的. 而 $\{\xi_n\}$ 的一致绝对连续性由下面的不等式及 $\xi$ 是可积的事实立即推出. 对任意 $A \in \mathscr{F}$,

$$\mathbb{E}[|\xi_n|; A] \leq \mathbb{E}[|\xi|; A] + \mathbb{E}[|\xi_n - \xi|].$$

充分性. 对任意 $\varepsilon > 0$,

$$\mathbb{E}[|\xi_n - \xi|] \leq \mathbb{E}[|\xi_n - \xi|; \{|\xi_n - \xi| < \varepsilon\}] + \mathbb{E}[|\xi_n - \xi|; \{|\xi_n - \xi| \geq \varepsilon\}]$$
$$\leq \varepsilon + \mathbb{E}[|\xi_n|; \{|\xi_n - \xi| \geq \varepsilon\}] + \mathbb{E}[|\xi|; \{|\xi_n - \xi| \geq \varepsilon\}].$$

因为 $\lim_n \mathbb{P}(\{|\xi_n - \xi| \geq \varepsilon\}) = 0$, 故由 $\{\xi_n\}$ 的一致绝对连续性和 $\xi$ 的绝对连续性推出右边可以任意地小, 因此 $\xi_n \xrightarrow{L^1} \xi$. □

## 1.3 特征函数

对于 $\mathbb{R}^n$ 上任意的有限测度 $\mu$, 定义

$$\hat{\mu}(x) := \int_{\mathbb{R}^n} e^{i(x,y)} \mu(dy), \ x \in \mathbb{R}^n, \tag{1.3.1}$$

其中 $(x,y)$ 是 $\mathbb{R}^n$ 上的内积, $\hat{\mu}$ 被称为 $\mu$ 的 Fourier 变换, 在概率论中一般称为特征函数, 虽然名称不同, 本质上是一样的. 特别地, 如果 $\mu$ 是 $n$- 维随机变量 $\xi$ 的分布, 那么

$$\hat{\mu}(x) = \mathbb{E}\left[e^{i(x,\xi)}\right], \ x \in \mathbb{R}^n,$$

也称为是 $\xi$ 的特征函数, 当然特征函数仅依赖于分布.

特征函数是 $\mathbb{R}^n$ 上一个有界连续的复值函数, 它在零点的光滑程度基本上可以刻画 $\mu$ 在无穷远处测度的大小.

**练习 1.3.1** 设 $n = 1$. 证明: $\hat{\mu}$ 在零点两次可导当且仅当

$$\int_{\mathbb{R}} x^2 \mu(dx) < \infty.$$

Fourier 变换是分析中最重要的方法之一, 在概率论与随机分析的研究中也有必不可少的重要性.

特征函数第一个重要性质是可以将卷积化为乘积. 设 $\mu, \nu$ 是两个有限测度, 那么定义它们的卷积

$$\mu * \nu(A) = \int_{\mathbb{R}^n} \mu(A - x) \nu(dx). \tag{1.3.2}$$

卷积是一个重要的概念, 它在概率论中就是分布分别为 $\mu, \nu$ 的独立随机变量 $\xi, \eta$ 的和的分布.

**定理 1.3.1**

$$\widehat{\mu * \nu} = \hat{\mu} \cdot \hat{\nu}.$$

特征函数第二个重要性质是其唯一性, 也就是说特征函数作为有限测度到连续函数的变换是一一的.

**定理 1.3.2** 设 $\mu$ 和 $\nu$ 是 $\mathbb{R}^n$ 上两个有限测度, 如果 $\hat{\mu}(x) = \hat{\nu}(x)$ 对所有 $x \in \mathbb{R}^n$ 成立, 那么 $\mu = \nu$. 实际上, 下面的命题等价

(1) $\mu = \nu$;

## 1.3 特征函数

(2) 对任何有界可测函数 $f$, $\mu(f) = \nu(f)$;

(3) 对任何有界连续函数 $f$, $\mu(f) = \nu(f)$;

(4) $\hat{\mu} = \hat{\nu}$.

(1) 蕴含 (2) 是单调类定理, (4) 蕴含 (1) 是唯一性定理, 其他是平凡的. 这个性质是分析中极其重要的工具, 也就是说, 为了证明两个测度相等, 我们只需要证明两个测度的特征函数相等, 在很多情况下这会容易许多. 另外当我们无法确定一个随机变量的分布时, 也许可以确定它的特征函数, 特征函数将唯一地识别出分布.

**练习 1.3.2** 设 $\xi, \eta$ 是随机变量, 后者可积. 如果对任何 $x \in \mathbb{R}^n$ 有
$$\mathbb{E}\left[\eta \cdot e^{i(x,\xi)}\right] = 0,$$
证明: $\mathbb{E}[\eta|\xi] = 0$.

特征函数最后一个重要性质是连续性, 尽管它在本讲义中并没有真正被使用. 说一个有限测度列 $\mu_n$ 弱收敛于 $\mu$, 如果对任何有界连续函数 $f$ 有
$$\mu_n(f) \longrightarrow \mu(f).$$

**定理 1.3.3** (Lévy) $\mu_n$ 弱收敛于 $\mu$ 当且仅当 $\hat{\mu}_n$ 点点收敛于 $\hat{\mu}$.

这个定理是证明著名的中心极限定理的利器, 一直到多年前, 它几乎就是唯一的方法.

**练习 1.3.3** 设 $\{\xi_n\}$ 是平方可积的独立同分布随机序列, $\mathbb{E}\xi_n = 0$, $\mathbb{E}\xi_n^2 = 1$. 证明: $\sum_{i=1}^{n} \xi_i / \sqrt{n}$ 的分布弱收敛于标准正态分布.

实际上, 数学分析中的 Fourier 级数就是 Fourier 变换的一种, 对于 $[0, 2\pi)$ 上的可积函数 $f$, 定义 $f$ 的 Fourier 系数
$$c_n(f) := \int_0^{2\pi} f(x) e^{inx} dx, \ n \in \mathbb{Z}.$$

它是整数加群上的一个函数. 类似于特征函数的还有母函数与 Laplace 变换, 它们本质上是一样的, 适用的范围不同, 特征函数可以适用于所有随机变量, 母函数适用于数列, 一个数列 $\{a_n : n \geq 0\}$ 的母函数定义为一个幂级数
$$z \mapsto \sum_{n=0}^{\infty} a_n z^n, \tag{1.3.3}$$

当幂级数的数列半径为正时,它一样可以唯一确定它的系数. Laplace 变换适用于在支撑在正半轴 $[0,\infty)$ 上的测度, 这样一个有限测度 $\mu$ 的 Laplace 变换定义为

$$t \mapsto \int_0^\infty \mathrm{e}^{-tx}\mu(\mathrm{d}x),\ t>0. \tag{1.3.4}$$

类似地, Laplace 变换一样可以唯一确定测度 $\mu$.

## 1.4 条件数学期望

条件数学期望是随机分析理论中一个极其重要的概念, 在 Markov 过程和鞅的研究中是不可或缺的. 它与概率论中条件概率的概念有相类似的地方而又有本质的区别. 下面我们先给出其定义.

**定义 1.4.1** 设 $(\Omega,\mathscr{F},\mathbb{P})$ 是一个概率空间, $\mathscr{A}$ 是 $\mathscr{F}$ 的子 $\sigma$- 代数, $\xi$ 是 $(\Omega,\mathscr{F},\mathbb{P})$ 上可积随机变量, $\xi$ 关于 $\mathscr{A}$ 的条件数学期望, 记为 $\mathbb{E}[\xi|\mathscr{A}]$, 是指满足以下条件的随机变量 $\eta$:

(1) $\eta$ 是 $\mathscr{A}$ 可测的;

(2) 对任何的 $B \in \mathscr{A}$, $\mathbb{E}[\xi;B] = \mathbb{E}[\eta;B]$.

特别地, 记 $\mathbb{P}(B|\mathscr{A}) := \mathbb{E}[1_B|\mathscr{A}]$, 称为 $B$ 关于 $\mathscr{A}$ 的条件概率. 另外, 如果 $\{\xi_i : i \in I\}$ 是一族随机变量. 我们记 $\mathbb{E}[\xi|\xi_i : i \in I] := \mathbb{E}[\xi|\sigma(\xi_i : i \in I)]$.

首先我们需要证明条件数学期望的存在性与唯一性. 事实上, 对 $A \in \mathscr{A}$, 令 $\mu(A) := \mathbb{E}[\xi;A]$, 则 $\mu$ 是 $(\Omega,\mathscr{A})$ 上的有限符号测度, 再令 $\mathbb{P}_{\mathscr{A}}$ 是 $\mathbb{P}$ 在 $\mathscr{A}$ 上的限制, 那么容易验证 $\mu \ll \mathbb{P}_{\mathscr{A}}$ 且其 Radon-Nikodym 导数满足定义中的条件 (1) 与 (2), 因此是一个条件数学期望. 另外容易知道条件数学期望在几乎处处相等的意义之下是唯一的. 以后如无特别说明, 有关条件数学期望的等式或不等式都是在几乎处处相等的意义之下. 定义中, 加在 $\xi$ 上的可积性条件可以减弱, 有许多书与文章专门讨论此类问题. 但在本书中我们仅讨论可积的情况.

**练习 1.4.1** 这里给出存在性的另外一个证明.

1. 如果 $\xi \in L^2(\Omega,\mathscr{F},\mathbb{P})$, 令 $M := L^2(\Omega,\mathscr{A},\mathbb{P})$, 证明: $\mathbb{E}[\xi|\mathscr{A}]$ 是 $\xi$ 在闭子空间 $M$ 上的正交投影.

2. 利用 $L^2(\Omega,\mathscr{F},\mathbb{P})$ 在 $L^1(\Omega,\mathscr{F},\mathbb{P})$ 中的稠密性, 证明条件数学期望的存在性.

## 1.4 条件数学期望

**例 1.4.1** 设 $\Omega_1, \cdots, \Omega_n$ 是 $\Omega$ 的可测分划且 $\mathbb{P}(\Omega_i) > 0, 1 \leq i \leq n$. 令

$$\mathscr{A} := \sigma(\{\Omega_1, \cdots, \Omega_n\}).$$

取可积随机变量 $\xi$, 我们来计算 $\mathbb{E}[\xi|\mathscr{A}]$. 首先因为 $\mathbb{E}[\xi|\mathscr{A}]$ 是 $\mathscr{A}$- 可测的, 故它是一个简单随机变量, 形式为 $\sum_{i=1}^n a_i 1_{\Omega_i}$. 现在利用定义的条件 (2) 得 $a_i \mathbb{P}(\Omega_i) = \mathbb{E}[\xi;\Omega_i]$, 因此

$$\mathbb{E}[\xi|\mathscr{A}] = \sum_{i=1}^n \frac{\mathbb{E}[\xi;\Omega_i]}{\mathbb{P}(\Omega_i)} \cdot 1_{\Omega_i},$$

其中 $\frac{\mathbb{E}[\xi;\Omega_i]}{\mathbb{P}(\Omega_i)}$ 称为是 $\xi$ 在 $\Omega_i$ 上的平均, 记为 $\mathbb{E}[\xi|\Omega_i]$. ∎

上面的例子是简单情况下条件数学期望的直观解释. 如将 $\sigma$ 代数理解为信息, $\mathscr{F}$ 即表示全部的信息. 条件数学期望 $\mathbb{E}[\xi|\mathscr{A}]$ 表示在已知信息 $\mathscr{A}$ 下 $\xi$ 的局部平均, 或对 $\xi$ 的某种意义的最好估计. 下面我们给出有关条件数学期望的一些性质.

**定理 1.4.1** 设 $\xi, \eta, \{\xi_n\}$ 是可积随机变量.

(1) $\mathbb{E}[\xi|\mathscr{F}] = \xi$; 如果 $\xi$ 与 $\mathscr{A}$ 独立, 则 $\mathbb{E}[\xi|\mathscr{A}] = \mathbb{E}\xi$, 特别地 $\mathbb{E}[\xi|\{\Omega, \varnothing\}] = \mathbb{E}[\xi]$;

(2) 如果 $\xi = a$, 则 $\mathbb{E}[\xi|\mathscr{A}] = a$ a.s.;

(3) 设 $a, b$ 是常数, 则 $\mathbb{E}[a\xi + b\eta|\mathscr{A}] = a\mathbb{E}[\xi|\mathscr{A}] + b\mathbb{E}[\eta|\mathscr{A}]$;

(4) 如果 $\xi \leq \eta$, 则 $\mathbb{E}[\xi|\mathscr{A}] \leq \mathbb{E}[\eta|\mathscr{A}]$;

(5) $|\mathbb{E}[\xi|\mathscr{A}]| \leq \mathbb{E}[|\xi||\mathscr{A}]$;

(6) $\mathbb{E}[\mathbb{E}[\xi|\mathscr{A}]] = \mathbb{E}[\xi]$;

(7) 如果 $\lim_n \xi_n = \xi$ a.s. 且 $|\xi_n| \leq \eta$, 其中 $\eta$ 可积, 则

$$\lim_n \mathbb{E}[\xi_n|\mathscr{A}] = \mathbb{E}[\xi|\mathscr{A}].$$

**证明.** (1), (2), (3) 都是显然的, 为证 (4), 对任何 $A \in \mathscr{A}$,

$$\mathbb{E}[\mathbb{E}[\eta|\mathscr{A}] - \mathbb{E}[\xi|\mathscr{A}]; A] = \mathbb{E}[\mathbb{E}[\eta - \xi|\mathscr{A}]; A] = \mathbb{E}[\eta - \xi; A] \geq 0.$$

而 $\mathbb{E}[\eta|\mathscr{A}] - \mathbb{E}[\xi|\mathscr{A}]$ 是 $\mathscr{A}$ 可测的, 故是非负的. (5) 由 (4) 推出. (6) 是下面定理 1.4.2(2) 的推论. 为证 (7), 令 $Z_n := \sup_{k \geq n} |\xi_k - \xi|$, 则 $Z_n \downarrow 0$ 且 $|Z_n| \leq 2\eta$, 由控制收敛定理 $\mathbb{E} Z_n \downarrow 0$. 而

$$|\mathbb{E}[\xi_n|\mathscr{A}] - \mathbb{E}[\xi|\mathscr{A}]| \leq \mathbb{E}[Z_n|\mathscr{A}]$$

且 $\mathbb{E}[Z_n|\mathscr{A}]$ 是单调的, 设其极限是 $Z$, 则 $Z$ 是非负的,

$$\mathbb{E}[Z] = \mathbb{E}[\mathbb{E}[Z|\mathscr{A}]] \leq \mathbb{E}[\mathbb{E}[Z_n|\mathscr{A}]] = \mathbb{E}[Z_n],$$

因此 $\mathbb{E}[Z] = 0$, 即 $Z = 0$ a.s. □

**定理 1.4.2** 设 $\xi, \eta$ 是随机变量.

(1) 如果 $\xi$ 是 $\mathscr{A}$ 可测的, 且 $\eta$ 和 $\xi\eta$ 是可积的, 则 $\mathbb{E}[\xi\eta|\mathscr{A}] = \xi\mathbb{E}[\eta|\mathscr{A}]$;

(2) 如果 $\mathscr{A} \subset \mathscr{B}$ 都是 $\mathscr{F}$ 的子 $\sigma$- 代数, 且 $\xi$ 是可积的, 则

$$\mathbb{E}[\mathbb{E}[\xi|\mathscr{A}]|\mathscr{B}] = \mathbb{E}[\mathbb{E}[\xi|\mathscr{B}]|\mathscr{A}] = \mathbb{E}[\xi|\mathscr{A}].$$

**证明**. (1) 只需对非负的 $\xi, \eta$ 对就够了. 因 $\xi\mathbb{E}[\eta|\mathscr{A}]$ 是 $\mathscr{A}$ 可测的, 故我们只需验证对任意 $A \in \mathscr{A}$, 有

$$\mathbb{E}[\xi\mathbb{E}[\eta|\mathscr{A}]; A] = \mathbb{E}[\xi\eta; A].$$

当 $\xi$ 是示性函数时, 即 $\xi = 1_G, G \in \mathscr{A}$, 上式显然成立, 因此上式对 $\mathscr{A}$ 可测的简单函数成立, 从而对非负可测函数成立.

(2) 首先 $\mathbb{E}[\xi|\mathscr{A}]$ 是 $\mathscr{B}$ 可测的, 因此必有 $\mathbb{E}[\mathbb{E}[\xi|\mathscr{A}]|\mathscr{B}] = \mathbb{E}[\xi|\mathscr{A}]$. 另一方面, 对 $A \in \mathscr{A}$, 则 $A \in \mathscr{B}$, 故

$$\mathbb{E}[\mathbb{E}[\xi|\mathscr{A}]; A] = \mathbb{E}[\xi; A] = \mathbb{E}[\mathbb{E}[\xi|\mathscr{B}]; A].$$

因此 $\mathbb{E}[\mathbb{E}[\xi|\mathscr{B}]|\mathscr{A}] = \mathbb{E}[\xi|\mathscr{A}]$. □

这个定理有直观的解释, 实际上是全概率公式的推广, 读者可自己试着去理解. 最后, 我们还有重要的 Jensen 不等式. $\mathbb{R}$ 的区间 $(a,b)$ 上的凸函数 $\phi$ 是指对任何 $x, y \in (a,b)$ 及 $p, q \geq 0$, $p + q = 1$, 有

$$\phi(px + qy) \leq p\phi(x) + q\phi(y).$$

**定理 1.4.3** (Jensen) 设 $\xi$ 是可积随机变量, $\phi$ 是 $\mathbb{R}$ 上的凸函数且 $\phi(\xi)$ 可积, 则

$$\phi(\mathbb{E}[\xi|\mathscr{A}]) \leq \mathbb{E}[\phi(\xi)|\mathscr{A}].$$

**证明**. 凸性保证 $\phi$ 的左右导数存在, 令 $A$ 是其右导数, 则 $A$ 递增且对任何 $x_0 \in \mathbb{R}$, $A(x_0)(x - x_0) + \phi(x_0) \leq \phi(x)$, $x \in \mathbb{R}$. 将 $x, x_0$ 分别用 $\xi$, $\mathbb{E}[\xi|\mathscr{A}]$ 代入:

$$A(\mathbb{E}[\xi|\mathscr{A}])(\xi - \mathbb{E}[\xi|\mathscr{A}]) + \phi(\mathbb{E}[\xi|\mathscr{A}]) \leq \phi(\xi).$$

如果 $\mathbb{E}[\xi|\mathscr{A}]$ 有界, 则上式左边两项有界, 右边一项可积. 因 $A$ 是 Borel 可测的, 故 $A(\mathbb{E}[\xi|\mathscr{A}])$ 关于 $\mathscr{A}$ 可测. 两边对 $\mathscr{A}$ 取条件数学期望得证 Jensen 公式.

一般地, 令 $G_n := \{\mathbb{E}[|\xi||\mathscr{A}] \leq n\}$. 则 $G_n \in \mathscr{A}$ 且 $G_n \uparrow \Omega$. 因此
$$\phi(\mathbb{E}[\xi 1_{G_n}|\mathscr{A}]) \leq \mathbb{E}[\phi(\xi 1_{G_n})|\mathscr{A}] = \mathbb{E}[1_{G_n}\phi(\xi) + 1_{G_n^c}\phi(0)|\mathscr{A}].$$
由 $\phi$ 的连续性及控制收敛定理得上述公式. □

**例 1.4.2** 设 $X, Y$ 有连续的联合密度为 $f(x,y)$, 让我们来算 $\mathbb{E}[X|Y]$. 因为 $\mathbb{E}[X|Y]$ 是 $Y$ 可测的, 故存在 $g$ 使得 $g(Y) = \mathbb{E}[X|Y]$. 然后对任意 $y \in \mathbb{R}$ 有
$$\mathbb{E}[X; Y \leq y] = \mathbb{E}[g(Y); Y \leq y].$$
应用联合密度得
$$\int_{\mathbb{R}} \int_{-\infty}^{y} x f(x,t) \mathrm{d}x \mathrm{d}t = \int_{-\infty}^{y} g(t) f_Y(t) \mathrm{d}t,$$
两边对 $y$ 求导得 $\int_{\mathbb{R}} x f(x,y) \mathrm{d}x = g(y) f_Y(y)$, 因此
$$g(y) = \frac{\int_{\mathbb{R}} x f(x,y) \mathrm{d}x}{f_Y(y)},$$
其中 $f_Y$ 是 $Y$ 的密度函数.

设 $X, Y$ 是正态分布的, 边缘分布是标准正态的, 相关系数是 $\rho$. 按照公式有 $\mathbb{E}[X|Y] = g(Y)$, 其中
$$g(y) = \left(\frac{1}{\sqrt{2\pi}} e^{-\frac{y^2}{2}}\right)^{-1} \int_{\mathbb{R}} x \frac{1}{2\pi\sqrt{1-\rho^2}} e^{-\frac{x^2-2\rho xy+y^2}{2(1-\rho^2)}} \mathrm{d}x$$
$$= \frac{1}{\sqrt{2\pi(1-\rho^2)}} \int_{\mathbb{R}} \exp\left(-\frac{(x-\rho y)^2}{2(1-\rho^2)}\right) \mathrm{d}x = \rho y,$$
因此 $\mathbb{E}[X|Y] = \rho Y$. 更一般地, $X, Y$ 是正态分布, 期望分别为 $a, b$, 方差分别为 $\sigma^2, \tau^2$, 相关系数还是 $\rho$, 那么
$$\mathbb{E}[(X-a)/\sigma|Y] = \mathbb{E}[(x-a)/\sigma|(Y-b)/\tau] = \rho(Y-b)/\tau,$$
因此 $\mathbb{E}[X|Y] = \rho\sigma(Y-b)/\tau + a$. ■

另外一种很常见的是下面的引理.

**引理 1.4.1** 如果 $\mathscr{A}$ 是子 $\sigma$-代数, $X, Y$ 是两个随机变量, $X$ 独立于 $\mathscr{A}$, $Y$ 是 $\mathscr{A}$ 可测的, 则对任意非负或有界的 $f$ 有
$$\mathbb{E}[f(X,Y)|\mathscr{A}] = \mathbb{E}[f(X,y)]|_{y=Y}.$$

显然引理对于 $f(x,y) = 1_A(x)1_B(y)$ 成立, 然后应用 Dynkin 引理对乘积可测集 $F$ 的示性函数 $1_F$ 成立, 再应用单调收敛定理即可. 这种方法在概率论中是常用的方法, 称为单调类方法.

## 1.5 习题与解答

1. (Kolmogorov 0-1 律) 设 $\xi_1, \cdots, \xi_n, \cdots$ 是独立随机变量序列, 令
$$\mathscr{F} := \sigma(\xi_1, \xi_2, \cdots), \quad \mathscr{A} := \bigcap_n \sigma(\xi_n, \xi_{n+1}, \cdots).$$

证明: $\mathscr{F}$ 与 $\mathscr{A}$ 独立, 且对任何 $A \in \mathscr{A}$, $\mathbb{P}(A) = 0$ 或 $1$.

2. 设 $\xi_n, \xi$ 是非负可积随机变量, $\xi_n \xrightarrow{P} \xi$, $\mathbb{E}[\xi_n] \longrightarrow \mathbb{E}[\xi]$. 证明: $\xi_n \xrightarrow{L^1} \xi$.

3. 设 $\xi$ 是随机变量, 证明: $\xi$ 与子 $\sigma$- 代数 $\mathscr{A}$ 独立当且仅当对任何有界 Borel 可测函数 $g$ 有 $\mathbb{E}[g(\xi)|\mathscr{A}] = \mathbb{E}[g(\xi)]$, 也等价于对任何 $x \in \mathbb{R}$ 有
$$\mathbb{E}[\mathrm{e}^{\mathrm{i}x\xi}|\mathscr{A}] = \mathbb{E}[\mathrm{e}^{\mathrm{i}x\xi}].$$

4. 设 $\{\mathscr{F}_\alpha : \alpha \in \Sigma\}$ 是一个子 $\sigma$- 代数族, 证明: 若 $\xi$ 是可积随机变量, 则 $\{\mathbb{E}[\xi|\mathscr{F}_\alpha] : \alpha \in \Sigma\}$ 一致可积.

5. 对两个可积且乘积也可积的随机变量 $\xi, \eta$ 证明: $\mathbb{E}[\xi\mathbb{E}[\eta|\mathscr{A}]] = \mathbb{E}[\eta\mathbb{E}[\xi|\mathscr{A}]]$.

6. 设 $X, Y$ 独立可积且 $\mathbb{E}X = \mathbb{E}Y = 0$, 证明: $\mathbb{E}[|X|] \leq \mathbb{E}[|X+Y|]$.

7. 设 $\xi, \eta$ 为可积随机变量且 $\mathbb{E}[\xi|\eta] = \eta$, $\mathbb{E}[\eta|\xi] = \xi$, 证明: $\xi = \eta$ a.s.

8. 设 $(\xi_t : t \in I)$ 是概率空间 $(\Omega, \mathscr{F}, \mathbb{P})$ 上随机变量族, 证明: 对任何 $A \in \sigma(\xi_i : i \in I)$, 存在可列子集 $S \subset I$ 使得 $A \in \sigma(\xi_i : i \in S)$.

9. 设 $(\xi_t : t \in I)$ 是概率空间 $(\Omega, \mathscr{F}, \mathbb{P})$ 上随机变量族, $\xi$ 是可积随机变量. 证明: 存在可列集 $S \subset I$ 使得
$$\mathbb{E}[\xi|\xi_i : i \in I] = \mathbb{E}[\xi|\xi_i : i \in S].$$

# 第二章 鞅论基础

鞅起源于赌博游戏，它是指一个无偏向的赌博规则．现在鞅是现代随机分析中的重要工具之一，其系统的并让概率学家们看到其重要性的研究要归功于 J.L. Doob 在 20 世纪中叶的工作．本章介绍鞅的基本概念，离散时间鞅与连续时间鞅, Doob 的有界停止定理，鞅不等式，鞅的基本性质以及鞅的正则化定理．离散时间鞅理论思想比较直观，方法也相对简单，但掌握离散时间鞅论对理解连续时间鞅论和随机分析十分重要．

## 2.1 离散时间鞅

在本节中，我们将着重介绍鞅的定义及一些常用的例子．简单地说，鞅就是公平原则．在生活中有许多无法预见结果的事件，如比赛，掷骰子，下一个看见的汽车是单号还是双号等．人们可以在任何这样的事件上进行下注赌博，只要进行赌博的各方认为规则是公正的．公正的基本思想是：风险与可能的获利成正比．比如买彩票，中奖的概率极微，但一旦中奖，奖额极大，人们在这里买的是运气，而不是概率．又如将钱存入银行，当然一般不会血本无归，但一般获利也仅是利息而已．这就是鞅的基本思想．在本章中，我们从离散时间鞅开始，离散时间鞅比较直观，它的基本框架是 Doob 建立的．

给定概率空间 $(\Omega, \mathscr{F}, \mathbb{P})$，设 $\{\mathscr{F}_n : n \geq 0\}$ 是 $\mathscr{F}$ 的子 $\sigma$- 代数列且高于 $n$ 递增，通常称为是一个信息流，表示信息随着时间的增加而增加．我们说一个随机过程 $X = (X_n)$ 是关于 $(\mathscr{F}_n)$ 适应的，如果对任何 $n$, $X_n$ 关于 $\mathscr{F}_n$ 可测，这时也说 $(\mathscr{F}_n)$ 是 $X$ 的适应流．信息流并不神秘，任意给定一个随机过程 $X = (X_n)$，它自然地给出一个 (信息) 流

$$\mathscr{F}_n^0 = \sigma(X_k : k \leq n),$$

它是 $X$ 适应的最小信息流. 信息流这个概念对于理解随机分析特别重要, 在后面连续时间的情况下将进一步阐述.

**定义 2.1.1** 一个可积的实值过程 $X = (X_n)$ 称为是关于 $(\mathscr{F}_n)$ 的鞅, 如果 $X$ 是 $(\mathscr{F}_n)$ 适应的且对任何 $n$, 有

$$\mathbb{E}(X_n|\mathscr{F}_{n-1}) = X_{n-1}. \tag{2.1.1}$$

如果对任何 $n$, 有

$$\mathbb{E}(X_n|\mathscr{F}_{n-1}) \geq X_{n-1}, \tag{2.1.2}$$

称 $X$ 是下鞅.

鞅与流有关, 关于大的适应流是鞅蕴含着关于小的适应流也是鞅. 所以一个鞅关于其自然流总是鞅. 为了简单起见, 当一个流给定后, 我们所说的适应以及鞅等概念都是相对于给定信息流而言的. 如果预先未指定一个流, 鞅就是指关于此过程的自然流的鞅. 称 $X$ 是上鞅, 如果 $-X$ 是下鞅. 我们通常仅需关注鞅与下鞅, 上鞅的性质可以从下鞅导出. 直观地, 对于一个鞅来说, 以到现在为止的信息来预期将来某时刻的输赢是不可能的, 或者说, 至多能知道将来的输赢关于现在的条件期望是零. 由定义, 立刻得到下列简单性质:

(1) 鞅的全体是线性空间;

(2) 鞅的期望 $\mathbb{E}X_n$ 关于 $n$ 不变. 下鞅的期望 $\mathbb{E}X_n$ 关于 $n$ 递增;

(3) 由 Jensen 不等式, 如果 $X$ 是鞅, $\phi$ 是凸函数, 那么若 $\phi(X)$ 可积, 则是下鞅. 因此 $|X|$, $X^2$ (若 $X$ 平方可积) 是下鞅. 另外, 如果 $X$ 是下鞅, $\phi$ 是下凸递增函数, 那么 $\phi(X)$ 也是下鞅. 因此 $X^+$ 是下鞅.

**练习 2.1.1** 如果 $X = \{X_n\}$ 关于流 $(\mathscr{F}_n)$ 是鞅, 且流 $(\mathscr{F}_n)$ 与 $\sigma$-域 $\mathscr{G}$ 独立, 令 $\mathscr{F}_n'$ 是由 $\mathscr{F}_n$ 和 $\mathscr{G}$ 生成的 $\sigma$-域, 证明: $X$ 关于流 $(\mathscr{F}_n')$ 也是鞅.

**例 2.1.1** 设 $\{\xi_n : n \geq 1\}$ 是一个 Bernoulli 随机序列. 令 $X_0 = 0$, $X_n := \sum_{i=1}^n \xi_i$, 且 $\{\mathscr{F}_n\}$ 是 $X$ 的自然流, 则对于 $n \geq 1$,

$$\begin{aligned}\mathbb{E}(X_{n+1}|\mathscr{F}_n) &= \mathbb{E}(X_{n+1} - X_n|\mathscr{F}_n) + X_n \\ &= \mathbb{E}\xi_i + X_n = X_n + p - q,\end{aligned}$$

因此当 $p = q$ 时,$X$ 就是 $\mathbb{Z}$ 上简单随机游动,是个鞅;当 $p \geq q$ 时,$X$ 是下鞅;当 $p \leq q$ 时,$X$ 是上鞅. 可以看出鞅对应于一个对双方公平的博弈对局,而下鞅与上鞅分别对应于一个对己有利与对他有利的博弈对局 (按此结论, 也许把上鞅与下鞅的名称对换一下更适合实际的意义). ∎

鞅论是从 Doob 的基本定理开始的,设 $(\Omega, \mathscr{F}, \mathbb{P})$ 是概率空间,$(\mathscr{F}_n : n \geq 0)$ 是流. 一个随机序列 $\{H_n : n \geq 1\}$ 称为是可预料的, 如果对任何 $n \geq 1$,$H_n$ 是 $\mathscr{F}_{n-1}$ 可测的. 设 $X$ 是适应过程,$H_n$ 是可预料过程, 定义一个初始值为 $Y_0$ 的随机过程 $Y = (Y_n)$ 满足

$$Y_n := Y_{n-1} + H_n(X_n - X_{n-1}), \ n \geq 1.$$

称为是过程 $H$ 关于 $X$ 的随机积分, 它是一般随机积分的离散形式 (为了在符号上区别乘积与随机积分, 除非必须, 我们写乘积时一般不用点).

**例 2.1.2** 随机积分有非常直观的解释. 考虑市场上有一个价格为 $S = (S_n : n \geq 0)$ 的风险资产和利率为 $r$ 的债券以及一个持有初始资产 $X_0$ 的投资人的财富过程. 一个投资策略是指在时刻 $n-1$ 决定第 $n$ 时段持有 $H_n$ 份风险资产, 剩下的资金购买债券, 即 $n-1$ 时刻的资产总额为

$$X_{n-1} = H_n S_{n-1} + (X_{n-1} - H_n S_{n-1});$$

那么其投资组合在时刻 $n$ 的价值为

$$X_n = H_n S_n + (1+r)(X_{n-1} - H_n S_{n-1}).$$

由此推出

$$X_n - (1+r)X_{n-1} = H_n(S_n - (1+r)S_{n-1}),$$

两边同乘以 $(1+r)^{-n}$ 得

$$(1+r)^{-n}X_n - (1+r)^{-(n-1)}X_{n-1} = H_n[(1+r)^{-n}S_n - (1+r)^{-(n-1)}S_{n-1}],$$

也就是说, 折现后的财富过程 $\{(1+r)^{-n}X_n\}$ 是投资策略 $\{H_n\}$ 关于折现后的资产价格过程 $\{(1+r)^{-n}S_n\}$ 的随机积分. ∎

用 $H.X$ 表示 $H$ 关于 $X$ 的随机积分. 下面这个定理称为 Doob 的鞅基本定理, 它是整个随机分析的第一块基石, 重要性无与伦比.

**定理 2.1.1** 设 $X$ 是一个适应过程，$H$ 是可预料过程使得 $H.X$ 是可积的. 如果 $X$ 是鞅，那么过程 $H.X$ 是鞅. 如果 $X$ 是下鞅且 $H$ 非负，那么 $H.X$ 是下鞅.

**证明.** 显然 $H.X$ 是适应的，且对 $n \geq 1$,

$$\mathbb{E}[(H.X)_n - (H.X)_{n-1}|\mathscr{F}_{n-1}] = \mathbb{E}(H_n(X_n - X_{n-1})|\mathscr{F}_{n-1})$$
$$= H_n \mathbb{E}(X_n - X_{n-1}|\mathscr{F}_{n-1}),$$

因此 $X$ 是鞅 (对应地，$X$ 是下鞅及 $H$ 的非负性) 蕴含着 $H.X$ 是鞅 (对应地，下鞅). □

称 $H$ 是局部有界，如果对任何 $n$，$H_n$ 是有界的. 不难证明，如果 $X$ 可积，且 $H$ 局部有界，那么 $H.X$ 是可积的. Doob 的鞅基本定理有直观的解释，定理上面的例子已经告诉我们随机积分的直观意义，那么这个定理就是说如果折现后的资产价格过程是一个鞅，那么不管什么样的投资策略得到的财富过程还是鞅，从概率的角度看不会更好也不会更坏. 这实际上是生活的常识，我们大多数人也许在日常生活中会感应到这种道理，所以每当笔者看到这个定理时，内心会感叹 Doob 对于生活常识的那份洞察力和抽象能力.

现在我们需要引入停时的概念，它是随机分析最重要的概念之一.

**定义 2.1.2** 停时是一个值域为随机过程时间集 (可以取 $\infty$) 的随机变量 $\tau$，满足对任何 $n$ 有 $\{\tau \leq n\} \in \mathscr{F}_n$. 这样的停时也称为 $(\mathscr{F}_n)$- 停时. 如果 $\tau$ 是停时，定义 $\mathscr{F}_\tau$ 是满足对任何 $n$ 有 $A \cap \{\tau \leq n\}$ 的事件 $A$ 的全体.

如果把随机时间理解为某件事情发生的时间，那么停时的意思就是这件事情是否在 $n$ 时刻前发生可以由 $n$ 时刻前的信息来判断. 特别地，确定性的时间是停时.

最典型的停时是首中时，设 $X = (X_n)$ 是关于流 $(\mathscr{F}_n)$ 适应的随机序列，定义

$$\tau(\omega) := \inf\{n : X_n(\omega) \in A\},$$

称为是集合 $A \subset \mathbb{R}$ 的首中时. 当 $A$ 是 Borel 集时，有

$$\{\tau \leq n\} = \bigcup_{k \leq n} \{X_k \in A\} \in \mathscr{F}_n,$$

所以 $\tau$ 是首中时. 停时是随机过程理论最直观和自然的概念，它的引入对于随机过程研究的意义是非同寻常的，本来随机过程或者概率论还离不开测度的框架，但停时的引入使得随机过程有了自己专注的问题. 举两个非停时的例子.

## 2.1 离散时间鞅

**例 2.1.3** $X$ 如上，对 $A \subset E, \omega \in \Omega$, 定义

$$L_A(\omega) := \sup\{n > 0 : X_n(\omega) \in A\}.$$

$L_A$ 是轨道最后一次在 $A$ 中的时间，称为是 $A$ 的末离时. 一般地 $L_A$ 不是停时，因为轨道在 $n$ 时刻后不再进入 $A$ 这样的事件 $\{L_A \leq n\}$ 不能只用轨道在 $n$ 时刻前的信息来判断.

另外一个时间在股市上经常会遇到，比如人们期望在股票价格最低时买入最高时抛出. 让 $N > 0$ 固定，

$$T = \inf\{n \leq N : X_n = \max_{0 \leq k \leq N} X_k\},$$

这个时间不是停时，因为在任何时候都无法判断前面的某个时刻随机过程是否达到了整个时间段的最大值. 差别是如果你计划在股票价格达到某个高度时抛出，那么这个计划是可行的; 但如果你计划在股票达到最高点时抛出，那么这个计划是不可行的. 这就是停时与非停时的重要区别. ∎

下面练习中的性质很重要，但容易验证.

**练习 2.1.2** 如果 $\tau, \sigma$ 是停时，那么取小 $\tau \wedge \sigma$ 也是停时.

有停时，就有停止位置，$X_\tau$ 就是 $\tau$ 时刻 $X$ 所处的位置，也就是说，

$$X_\tau(\omega) := X_{\tau(\omega)}(\omega),$$

或者说当 $\tau = n$ 时，$X_\tau = X_n$, 实际上 $X_\tau$ 只能定义在 $\Omega$ 的子集 $\{\tau < \infty\}$ 上. 作为一个特例，设 $\tau$ 是停时，容易验证下面的恒等式

$$X_{\tau \wedge n} - X_{\tau \wedge (n-1)} = 1_{\{\tau \geq n\}}(X_n - X_{n-1}), \tag{2.1.3}$$

其中的 $H_n := 1_{\{\tau \geq n\}} = 1 - 1_{\{\tau \leq n-1\}}$ 是 $\mathscr{F}_{n-1}$ 可测的且有界的. 回忆上面定义的停止过程 $X_n^\tau := X_{\tau \wedge n}$, 我们得到下面的 Doob 有界停止定理.

**定理 2.1.2** (Doob) 设 $X$ 是一个鞅，$\tau$ 是一个停时，则 $\tau$ 停止过程 $X^\tau$ 也是一个鞅. 因此如果 $\tau$ 是有界停时，那么

$$\mathbb{E}X_\tau = \mathbb{E}X_0. \tag{2.1.4}$$

**定理 2.1.3** (Doob) 设 $X$ 是一个下鞅，$\sigma, \tau$ 是有界停时且 $\sigma \leq \tau$, 则 $X_\sigma, X_\tau$ 是可积的，且有

$$\mathbb{E}X_\sigma \leq \mathbb{E}X_\tau.$$

当 $X$ 是鞅时, 等号成立.

**练习 2.1.3** (1) 证明定理 2.1.3; (2) 设 $X$ 是可积适应过程, 如果对任何有界停时 $\sigma \leq \tau$ 有
$$\mathbb{E} X_\sigma \leq \mathbb{E} X_\tau,$$
证明 $X$ 是一个下鞅且
$$\mathbb{E}[X_\tau | \mathscr{F}_\sigma] \geq X_\sigma,$$
其中 $\mathscr{F}_\sigma$ 定义为
$$\mathscr{F}_\sigma := \{A \in \mathscr{F} : \text{对任何 } n, A \cap \{\sigma \leq n\} \in \mathscr{F}_n\}.$$

Doob 停止定理是研究与停时相关问题的重要工具, 让我们从随机游动及其首中时开始. 下例是 Doob 停止定理的一个经典的应用.

**例 2.1.4** 设 $\{\xi_n\}$ 是一个一维格点上的随机游动, 即它是独立随机序列且
$$\mathbb{P}(\xi_n = 1) = p, \ \mathbb{P}(\xi = -1) = 1 - p = q.$$
令 $X_0 = 0$,
$$X_n = X_0 + \sum_{k=1}^{n} \xi_k.$$
它是从 0 出发的随机游动. 对 $a > 0$, 记 $\tau_a$ 是 $a$ 的首中时
$$\tau_a := \inf\{n > 0 : X_n = a\}.$$
第一个自然的问题是 $\tau_a$ 是有限的吗? 第二个问题是如果有限, 其期望是多少? 或者什么分布? 鞅方法可以回答这些问题, 为了回答这些问题, 最重要的是找到合适的鞅. 取 $z > 0$, 那么 $z^{X_n}$ 是独立随机变量的乘积, 且
$$\mathbb{E}[z^{X_n} | \mathscr{F}_{n-1}] = z^{X_{n-1}} \mathbb{E}[z^{\xi_n}] = z^{X_{n-1}}(zp + z^{-1}q),$$
其中 $(\mathscr{F}_n)$ 不妨被看成为 $X$ 的自然流. 因此
$$Y_n := z^{X_n}(zp + z^{-1}q)^{-n}$$
是一个鞅. 这个鞅称为指数鞅, 是个非常有用的鞅. 我们用它来计算 $\mathbb{P}(\tau < \infty)$ 以及 $\tau_a$ 的母函数 $\mathbb{E}[z^{\tau_a}]$. 为什么计算母函数? 因为按照期望的定义
$$\mathbb{E}[z^{\tau_a}] = \sum_n z^n \mathbb{P}(\tau_a = n)$$

## 2.1 离散时间鞅

母函数的 Taylor 展开式的系数就是 $\tau_a$ 的分布律. 当然上式的收敛半径至少是 1.

由 Doob 的定理, 应该有

$$\mathbb{E}\left[z^{X_{\tau_a}}(zp+z^{-1}q)^{-\tau_a}\right]=1. \tag{2.1.5}$$

一个显然的事实是, 当 $\tau_a<\infty$ 时, 有 $X_{\tau_a}=a$, 也就是说 $X$ 在它首次到达 $a$ 的时候肯定恰好在 $a$ 处. 因此我们有

$$\mathbb{E}[(zp+z^{-1}q)^{-\tau_a}]=z^{-a},$$

随后只需让 $(zp+z^{-1}q)^{-1}=x$ 反解出 $z$ 就得到 $\tau_a$ 的母函数. 但是这里有几个需要解决的问题, 首先 Doob 的定理只适用于有界停时, 没有任何理由说 $\tau_a$ 是有界停时, 所以我们不能直接用 Doob 的定理. 但我们可以对 $\tau_a\wedge n$ 用 Doob 定理, 因为它是有界停时. 因此代替 (2.1.5) 式有下式成立

$$\mathbb{E}\left[z^{X_{\tau_a\wedge n}}(zp+z^{-1}q)^{-\tau_a\wedge n}\right]=1. \tag{2.1.6}$$

现在让 $n$ 趋于无穷, 那么 $\tau_a\wedge n$ 趋于 $\tau_a$, 但问题是极限和期望是否能够交换? 当 $z>1$ 时, 因为 $\tau_a\wedge n\leq\tau_a$, 由 $\tau_a$ 的定义知 $X_{\tau_a\wedge n}\leq a$. 另外如果再有 $zp+z^{-1}q>1$, 那么

$$z^{X_{\tau_a\wedge n}}(zp+z^{-1}q)^{-\tau_a\wedge n}\leq z^a,$$

应用有界收敛定理, 极限和期望可以交换, 因此

$$\mathbb{E}\left[(zp+z^{-1}q)^{-\tau_a};\tau_a<\infty\right]=z^{-a}.$$

怎么才能同时满足 $z>1$ 和 $zp+z^{-1}q>1$ 两个条件呢? 当 $p\geq q$ 时, 这意味着 $z>1$; 而当 $p<q$ 时, 意味着 $z>q/p$. 在前一种情况下, 让 $z\downarrow 1$, 得 $\mathbb{P}(\tau_a<\infty)=1$; 在后一种情况, 让 $z\downarrow q/p$, 得

$$\mathbb{P}(\tau_z<\infty)=(q/p)^{-a}<1.$$

也就是说, 当概率偏向右的时候, 随机游动会在有限时间内到达右边的点, 但在有限时间内到达左边点的概率小于 1. 在前一种情况, 我们算出 $\tau_a$ 的母函数为

$$\mathbb{E}[z^{\tau_a}]=\left(\frac{1+\sqrt{1-4pqz^2}}{2pz}\right)^{-a},\ z\in[0,1]. \tag{2.1.7}$$

这时
$$\mathbb{E}[\tau_a] = \lim_{z\uparrow 1}\frac{\mathrm{d}}{\mathrm{d}z}\mathbb{E}[z^{\tau_a}] = \frac{1}{|p-q|}\left(\frac{1+|p-q|}{2p}\right)^{-a},$$
当 $p = q = 1/2$ 时, $\mathbb{E}[\tau_a] = +\infty$.

现在设 $b < 0 < a$, $\tau_a, \tau_b$ 分别是随机游动首次到达 $a$ 与 $b$ 的时间. 令 $\tau = \tau_a \wedge \tau_b$ 是随机游动首次到达其中一点的时间, 那么由上面得到的结论, 只要 $0 < p < 1$, 就有
$$\mathbb{P}(\tau < +\infty) = 1. \tag{2.1.8}$$
也就是说随机游动必定会在有限时间内离开这个区间. 现在我们想知道到底随机游动从 $b$ 点 (或者从 $a$ 点) 离开的概率有多大? 这是经典的赌徒输光问题.

我们还是需要找合适的鞅. 当 $p = q = \frac{1}{2}$ 时, $X$ 本身是鞅. 对任何 $n \geq 0$, $b \leq X_{\tau \wedge n} \leq a$. 仿照上面的方法由 Doob 定理和有界收敛定理推出,
$$\mathbb{E}X_\tau = \mathbb{E}X_0 = 0.$$
因
$$\mathbb{E}X_\tau = b\mathbb{P}(\tau_b < \tau_a) + a\mathbb{P}(\tau_b > \tau_a),$$
故
$$\mathbb{P}(\tau_b < \tau_a) = \frac{a}{a-b}.$$

当 $p > q$ 时, $X$ 就不是鞅了, 这时我们又需要一个指数鞅. 因 $\mathbb{E}(q/p)^{\xi_n} = p + q = 1$, 故不难验证 $\{(q/p)^{X_n}\}$ 是鞅. 同理有
$$\mathbb{E}\left[(q/p)^{X_\tau}\right] = 1.$$
由于
$$\mathbb{E}(q/p)^{X_\tau} = (q/p)^b \mathbb{P}(\tau_b < \tau_a) + (q/p)^a \mathbb{P}(\tau_a < \tau_b),$$
因此
$$p_b = \frac{1 - (q/p)^a}{(q/p)^b - (q/p)^a}.$$
答案也可以用全概率公式列出差分方程解出.

**练习 2.1.4** 找适当的鞅计算上面例子中 $\tau$ 的母函数.

下面我们将证明 Doob 的两个基本不等式, 极大不等式和上窜不等式. 它们其实是 Doob 基本定理的应用.

## 2.1 离散时间鞅

**引理 2.1.1** 设 $X$ 是一个下鞅, 那么对任何 $\lambda > 0$ 及正整数 $N$, 有

$$\lambda \mathbb{P}(\max_{0 \leq n \leq N} X_n \geq \lambda) \leq \mathbb{E}(X_N; \max_{0 \leq n \leq N} X_n \geq \lambda). \tag{2.1.9}$$

证明. 令 $\tau := \min\{0 \leq n \leq N : X_n \geq \lambda\}$, 则 $\tau$ 是一个停时且 $\tau \leq N$, 故

$$\mathbb{E} X_N \geq \mathbb{E} X_\tau$$
$$= \mathbb{E}(X_\tau; \max_{0 \leq n \leq N} X_n \geq \lambda) + \mathbb{E}(X_\tau; \max_{0 \leq n \leq N} X_n < \lambda)$$
$$\geq \lambda \mathbb{P}(\max_{0 \leq n \leq N} X_n \geq \lambda) + \mathbb{E}(X_N; \max_{0 \leq n \leq N} X_n < \lambda),$$

把右边第二项移到最左边, 就推出我们想要的不等式. □

**定理 2.1.4** (Doob) 设 $X$ 是一个非负下鞅.

(1) 对任何 $\lambda > 0$ 及正整数 $N$,

$$\lambda \mathbb{P}(\max_{0 \leq n \leq N} X_n \geq \lambda) \leq \mathbb{E} X_N;$$

(2) 对任何 $p > 1$ 及正整数 $N$,

$$\mathbb{E}[\max_{0 \leq n \leq N} X_n^p] \leq \left(\frac{p}{p-1}\right)^p \mathbb{E} X_N^p.$$

证明. (1) 是引理 2.1.1 的直接推论.

(2) 令 $\xi := X_N$, $\eta := \max_{n \leq N} X_n$, $q := \frac{p}{p-1}$, 则由引理 2.1.1 知道

$$t \mathbb{P}(\eta \geq t) \leq \mathbb{E}(\xi; \{\eta \geq t\}),$$

再结合 Fubini 定理和 Hölder 不等式

$$\mathbb{E}[\eta^p] = \mathbb{E} \int_0^\eta p t^{p-1} \mathrm{d}t = \int_0^\infty p t^{p-1} \mathbb{P}(\eta \geq t) \mathrm{d}t$$
$$\leq \int_0^\infty p t^{p-2} \mathbb{E}(\xi; \{\eta \geq t\}) \mathrm{d}t$$
$$\leq p \mathbb{E}\left(\xi \int_0^\eta t^{p-2} \mathrm{d}t\right)$$
$$= \frac{p}{p-1} \mathbb{E}[\xi \eta^{p-1}]$$
$$\leq q (\mathbb{E}[\xi^p])^{\frac{1}{p}} (\mathbb{E}[\eta^{(p-1)q}])^{\frac{1}{q}}$$
$$= q (\mathbb{E}[\xi^p])^{\frac{1}{p}} (\mathbb{E}[\eta^p])^{\frac{1}{q}}.$$

两边同除 $(\mathbb{E}[\eta^p])^{\frac{1}{q}}$ 即得. □

当 $X$ 是平方可积鞅时，$\{X_n^2\}$ 是非负下鞅，因此对任何 $\lambda > 0$ 及正整数 $N$，

$$\mathbb{P}(\max_{0 \leq n \leq N} |X_n| \geq \lambda) \leq \frac{1}{\lambda^2} \mathbb{E} X_N^2.$$

这个不等式推广了在独立随机序列场合著名的 Kolmogorov 不等式. 再因为 $\{|X_n|\}$ 是非负下鞅，用于第二个不等式 $p = 2$ 的情况，得

$$\mathbb{E}[\max_{0 \leq n \leq N} X_n^2] \leq 4 \mathbb{E} X_N^2.$$

这个不等式可以推出上面的不等式 (差个常数).

下面我们讨论上穿不等式. 设 $X = (X_n : 0 \leq n \leq N)$ 是实值适应随机序列 (实际上时间可以是任何有限个连续整数)，对 $-\infty < a < b < \infty$, 定义

$$\tau_0 = 0;$$
$$\tau_1 := \inf\{n \geq 0 : X_n \leq a\};$$
$$\tau_2 := \inf\{n \geq \tau_1 : X_n \geq b\};$$
$$\cdots\cdots$$
$$\tau_{2k+1} := \inf\{n \geq \tau_{2k} : X_n \leq a\};$$
$$\tau_{2k+2} := \inf\{n \geq \tau_{2k+1} : X_n \geq b\};$$
$$\cdots\cdots$$

(约定 $\inf \varnothing = +\infty$) 则 $\{\tau_n : n \geq 1\}$ 是一个严格单调上升的停时序列，对 $N \geq 1$, 令

$$U_N^X[a,b](\omega) := \max\{k : \tau_{2k}(\omega) \leq N\},$$

随机变量 $U_N^X[a,b](\omega)$ 记录了轨道 $(X_n(\omega) : 0 \leq n \leq N)$ 在时刻 $0$ 与 $N$ 之间从 $a$ 下跳至 $b$ 上的上穿次数. 下面是著名的 Doob 上穿不等式.

**定理 2.1.5** (Doob) 设 $X$ 是一个下鞅，则对任何正整数 $N$, 常数 $a < b$,

$$\mathbb{E} U_N^X[a,b] \leq \frac{1}{b-a}[\mathbb{E}(X_N - a)^+ - \mathbb{E}(X_0 - a)^+].$$

证明. 令 $Y_n := (X_n - a)^+$, 显然 $Y = (Y_n)$ 也是一个下鞅. 让 $\tau_1, \tau_2, \cdots$ 是将 $0, b-a, Y$ 分别取代 $a, b, X$ 后如上定义的停时列，自然 $U_N^X[a,b] = U_N^Y[0, b-a]$. 再令 $\sigma_n = \tau_n \wedge N$, 那么 $(\sigma_n)$ 是递增停时列且因为 $\tau_n \geq n-1$, 所以当 $n > N$ 时 $\sigma_n = N$. 现在，我们有下面的恒等式，

$$Y_N - Y_0 = \sum_{n \geq 1}(Y_{\sigma_n} - Y_{\sigma_{n-1}}).$$

首先, 因为 $n$ 充分大时, $\sigma_n = N$, 故右边的和最多只有有限项非零; 其次, 由 Doob 的定理 2.1.3, 右边和的每一项的期望都是非负的; 最后, 右边和可以分成两部分: $n$ 是偶数或者奇数. 当 $n$ 是偶数时, $Y_{\sigma_n} - Y_{\sigma_{n-1}} \ge 0$, 且因为有 $U_N^Y[0, b-a]$ 个上穿完成, 故偶数项之和不小于 $(b-a)U_N^Y[0, b-a]$. 因此

$$Y_N - Y_0 = \sum_{n:\text{偶}}(Y_{\sigma_n} - Y_{\sigma_{n-1}}) + \sum_{n:\text{奇}}(Y_{\sigma_n} - Y_{\sigma_{n-1}})$$
$$\ge (b-a)U_N^Y[0, b-a] + \sum_{n:\text{奇}}(Y_{\sigma_n} - Y_{\sigma_{n-1}}).$$

两边取期望, 右边每二项的期望是非负的, 因此

$$\mathbb{E}Y_N - \mathbb{E}Y_0 \ge (b-a)\mathbb{E}U_N^X[a, b].$$

得到所要求的结论. $\square$

这个证明在逻辑上已经完成, 但若仔细想一想的话, 不等式的证明思想是非常漂亮的. 为什么这么说呢? 细心的读者可能已经注意到证明中实际上有一个直观上的矛盾. 既然上穿的部分和是正的, 那么下穿部分和似乎应该是负的. 为什么从轨道来看是负的下穿部分和在期望之后会变成正的? 也就是说直观地看, $Y_{\tau_{2n+1} \wedge N}$ 似乎是小于 $Y_{\tau_{2n} \wedge N}$, 但为什么期望会反过来? 想清楚这个问题对初学者有很大的帮助.

Doob 上穿不等式是证明所有的鞅或下鞅收敛定理的基本工具.

**定理 2.1.6** 设 $\{X_n\}$ 是下鞅且 $K = \sup_n \mathbb{E}|X_n| < \infty$, 则 $X_n \to X$ a.s., 其中 $X$ 是一个可积随机变量. 另外若 $\{X_n\}$ 是一个一致可积鞅, 则 $X_n \xrightarrow{L^1} X$ 且 $X_n = \mathbb{E}(X|\mathscr{F}_n)$.

证明. 设 $X^*$, $X_*$ 分别是 $\{X_n\}$ 的上极限与下极限. 显然

$$\{X^* > X_*\} = \bigcup_{a, b \in \mathbb{Q}} \{X_* < a < b < X^*\}.$$

由上穿不等式

$$\mathbb{E}U_N^X[a, b] \le \frac{1}{b-a}(\mathbb{E}|X_N| + a) \le \frac{K + a}{b - a}.$$

由单调收敛定理, $\mathbb{E}\lim_N U_N^X[a, b] < +\infty$. 因此 $\lim_N U_N^X[a, b] < +\infty$ a.s. 但是

$$\{X_* < a < b < X^*\} \subset \left\{\lim_N U_N^X[a, b] = +\infty\right\},$$

故有 $\mathbb{P}(\{X_* < a < b < X^*\}) = 0$, 推出 $X^* = X_*$ a.s. 极限的可积性由 Fatou 引理得到. 如果 $\{X_n\}$ 是一致可积鞅, 则由定理 1.2.5, $X_n \xrightarrow{L^1} X$ 且 $X_n = \lim_m \mathbb{E}(X_m|\mathscr{F}_n) = \mathbb{E}(X|\mathscr{F}_n)$. $\square$

定理 2.1.6 中下鞅的收敛形象地说是向右收敛, 在本节的最后, 我们将证明下鞅向左的收敛定理, 下面定理说明这样的收敛要容易得多.

**定理 2.1.7** 设 $X = (X_n)_{n \leq 0}$ 是关于流 $(\mathscr{F}_n)_{n \leq 0}$ 的下鞅且 $\inf_n \mathbb{E} X_n > -\infty$, 则

(1) $X$ 是一致可积的;

(2) 当 $n \to -\infty$ 时, $X_n$ 几乎处处且 $L^1$ 收敛于一个可积随机变量 $X_{-\infty}$, 且对任何 $n$,

$$\mathbb{E}(X_n | \mathscr{F}_{-\infty}) \geq X_{-\infty},$$

其中 $\mathscr{F}_{-\infty} := \bigcap_{n=0}^{-\infty} \mathscr{F}_n$.

**证明.** 设 $n \leq 0$, 因 $\mathbb{E} X_n \geq \mathbb{E} X_{n-1}$, 故 $\inf_n \mathbb{E} X_n > -\infty$ 蕴含着 $\lim_{n \to -\infty} \mathbb{E} X_n$ 存在且有限, 记为 $x$. 对给定 $\varepsilon > 0$, 取 $k$ 使得 $\mathbb{E} X_k - x < \varepsilon$, 那么当 $n \leq k$ 时,

$$\begin{aligned}
\mathbb{E}(|X_n| : |X_n| > \lambda) &= \mathbb{E}(X_n : X_n > \lambda) - \mathbb{E}(X_n : X_n < -\lambda) \\
&= \mathbb{E}(X_n : X_n > \lambda) + \mathbb{E}(X_n : X_n \geq -\lambda) - \mathbb{E} X_n \\
&\leq \mathbb{E}(X_k : X_n > \lambda) + \mathbb{E}(X_k : X_n \geq -\lambda) - \mathbb{E} X_k + \varepsilon \\
&\leq \mathbb{E}(X_k : X_n > \lambda) + \mathbb{E}(-X_k : X_n < -\lambda) + \varepsilon \\
&\leq \mathbb{E}(|X_k| : |X_n| > \lambda) + \varepsilon,
\end{aligned}$$

另外

$$\begin{aligned}
\mathbb{P}(|X_n| > \lambda) &\leq \frac{1}{\lambda} \mathbb{E}|X_n| = \frac{1}{\lambda} \mathbb{E}(2X_n^+ - X_n) \\
&= \frac{1}{\lambda}(2\mathbb{E} X_n^+ - \mathbb{E} X_n) \leq \frac{1}{\lambda}(2\mathbb{E} X_0^+ - x),
\end{aligned}$$

由此推出 $X$ 是一致可积的.

(2) 收敛部分类似于定理 2.1.6 的证明. 对于后一部分, 对 $A \in \mathscr{F}_{-\infty}$ 及 $m < n \leq 0$, 有 $\mathbb{E}(X_n; A) \geq \mathbb{E}(X_m; A)$, 让 $m \to -\infty$,

$$\mathbb{E}(X_n; A) \geq \lim_m \mathbb{E}(X_m, A) = \mathbb{E}(X_{-\infty}; A),$$

因此 $\mathbb{E}(X_n | \mathscr{F}_{-\infty}) \geq X_{-\infty}$. □

## 2.2 流与停时

本节与下一节都是为随机分析所做的准备工作. 这一节介绍流与停时相关的概念, 下一节介绍连续时间鞅相关的概念与性质.

如果说前面我们所讨论的概率论与随机过程部分都还没有完全脱离测度论的框架, 则下面将引入的停时的概念已完全超越了测度论的范畴. 停时是经典随机过程理论中最能体现概率直观背景的概念之一. 可以说, 没有停时的讨论, 就不能称为随机分析. 设有概率空间 $(\Omega, \mathscr{F}, \mathbb{P})$ 和 $\mathsf{T} \subset \mathbb{R}$. 回忆 $\mathscr{F}$ 的子 $\sigma$-代数族 $(\mathscr{F}_t : t \in \mathsf{T})$ 称为流, 如果对任何 $s < t$, 有 $\mathscr{F}_s \subset \mathscr{F}_t$. 因为加入所有零概率集及其子集到每个 $\mathscr{F}_t$ 中不会影响条件期望, 所以我们总是假设每个 $\mathscr{F}_t$ 中含有零概率集及其子集. 对任何 $t \in \mathsf{T}$, 定义 $\mathscr{F}_{t+} := \bigcap_{s > t} \mathscr{F}_s$, 那么 $(\mathscr{F}_{t+})$ 也是流. 一个流 $(\mathscr{F}_t)$ 称为是右连续的, 如果对任何 $t$, $\mathscr{F}_t = \mathscr{F}_{t+}$. 连续情况下停时的定义类似于离散时间.

**定义 2.2.1** 给定概率空间 $(\Omega, \mathscr{F}, \mathbb{P})$ 及流 $(\mathscr{F}_t)$, 映射 $\tau : \Omega \longrightarrow \mathsf{T} \cup \{\infty\}$ 称为是一个 $(\mathscr{F}_t)$ 停时, 如果对任何 $t \in \mathsf{T}$, $\{\omega \in \Omega : \tau(\omega) \leq t\} \in \mathscr{F}_t$. 设 $\tau$ 是 $(\mathscr{F}_t)$ 停时, 定义

$$\mathscr{F}_\tau = \{A \in \mathscr{F} : A \cap \{\tau \leq t\} \in \mathscr{F}_t, \text{ 对所有 } t \in \mathsf{T} \text{ 成立}\},$$

直观上表示 $\tau$ 之前的信息.

停时是相对于一个流而言的, 但当流固定且明确时时, 就简单地说一个停时. $(\mathscr{F}_t)$ 停时必是 $(\mathscr{F}_{t+})$ 停时.

**练习 2.2.1** (1) 证明: $\tau$ 是 $(\mathscr{F}_{t+})$ 停时当且仅当对任何 $t$, 有 $\{\tau < t\} \in \mathscr{F}_t$. (2) 设 $\tau$ 是 $(\mathscr{F}_{t+})$ 停时, 证明:

$$\mathscr{F}_{\tau+} = \{A \in \mathscr{F} : A \cap \{\tau < t\} \in \mathscr{F}_t, \text{ 对所有 } t \in \mathsf{T} \text{ 成立}\},$$

**练习 2.2.2** 证明:

1. $\mathscr{F}_\tau$ 是一个 $\sigma$-代数;

2. $\tau$ 是 $\mathscr{F}_\tau$ 可测的;

3. 如果 $\tau \equiv t$ 时, $\mathscr{F}_\tau = \mathscr{F}_t$;

4. 一个随机变量 $\xi$ 是 $\mathscr{F}_\tau$ 可测当且仅当对任何 $t \in \mathsf{T}$, $\xi \cdot 1_{\{\tau \leq t\}}$ 是 $\mathscr{F}_t$ 可测的.

**引理 2.2.1** 设 $\tau, \sigma, \tau_n$ 是 $(\mathscr{F}_t)$ 停时.

(1) $\tau \vee \sigma, \tau \wedge \sigma$ 是停时;

(2) 当 $\tau_n$ 单调上升时, $\lim \tau_n$ 是停时;

(3) 当 $\tau_n$ 单调下降且 $(\mathscr{F}_t)$ 右连续时, $\lim \tau_n$ 是停时;

(4) 如果 $\sigma \leq \tau$, 则 $\mathscr{F}_\sigma \subset \mathscr{F}_\tau$;

(5) 如果 $(\mathscr{F}_t)$ 右连续且 $\tau_n \downarrow \tau$, 则 $\bigcap_n \mathscr{F}_{\tau_n} = \mathscr{F}_\tau$.

证明简单, 留作习题.

**练习 2.2.3** 验证引理结论.

先引入连续时间随机过程. 直观地说, 依时间记录的随机变量族即是随机过程. 设 $\mathsf{T} = [0, \infty)$, 当然可以是任意的区间.

**定义 2.2.2** 设 $(\Omega, \mathscr{F}, \mathbb{P})$ 是一个概率空间, $(E, \mathscr{E})$ 是一个可测空间, 一个取值在 $E$ 上的可测映射族 $X = (X_t : t \in \mathsf{T})$ 称为是 $(\Omega, \mathscr{F}, \mathbb{P})$ 上以 $(E, \mathscr{E})$ 为状态空间的随机过程.

在本书中, 所谓的状态空间 $E$ 通常取为 Euclid 空间 $\mathbb{R}^d$, 当 $d = 1$ 时相应的过程称为实值过程. 为了方便, 我们使用几个几乎自明的概念: 可积过程, 一致可积过程以及平方可积过程. 按照随机过程的定义, 随机过程的例子随手可得, 我们将在下面的例子中介绍一些重要的被关注的随机过程. 对于随机过程来说, 有几个重要的概念需要了解, 实际上也是概率论的语言. 首先是样本轨道, 我们知道 $\Omega$ 称为样本空间, 点 $\omega \in \Omega$ 称为样本点, 当样本点 $\omega$ 固定, $X_t(\omega)$ 作为 $t$ 的函数是 $\mathsf{T}$ 到 $E$ 的映射, 称为是样本 $\omega$ 的**样本轨道**. 例如, 记录在一个重复掷硬币试验中正反面的结果是一个样本轨道; 随时间记录的某个股票的价格可以看成为是一条样本轨道; 随时间记录的长江水位也是一条样本轨道; 观察花粉在液体表面的运动给出一条轨道, 不同的花粉可以看成为不同的样本轨道; 记录某人在一个赌局中赌资的变化也是样本轨道. 研究随机过程通常是研究样本轨道的分布情况.

**定义 2.2.3** 称随机过程 $X$ 是连续的, 如果其几乎所有样本轨道是连续的, 严格地说, 存在一个零概率集 $N$ 使得当 $\omega \notin N$ 时, $t \mapsto X_t(\omega)$ 是连续的. 右连续与左连续的概念可以类似定义.

首中时的定义与离散时间类似. 给定状态空间为 $E$ 的随机过程 $X = (X_t)$, 对

## 2.2 流与停时

$A \subset E$, $\omega \in \Omega$, 定义 $A$ 的进入时和首中时如下:

$$D_A(\omega) := \inf\{t \geq 0 : X_t(\omega) \in A\};$$

$$T_A(\omega) := \inf\{t > 0 : X_t(\omega) \in A\}.$$

空集的下确界总是定义为无穷, 因此 $T_A < \infty$ 当且仅当对某个 $t$ 有 $X_t \in A$. 进入时与首中时的区别在于过程的初始位置, 若轨道的起始点不在 $A$ 中, 则 $D_A = T_A$; 若轨道从 $A$ 中的点出发, 则 $D_A = 0$ 而 $T_A$ 不一定. 在随机过程理论中, 首中时用得更多一些. 前面我们看到, 离散时间情况下证明首中时是停时几乎是平凡的, 连续时间的情况要复杂得多, 这里我们只考虑开集或者闭集的首中时.

**例 2.2.1** 设 $X$ 是关于流 $(\mathscr{F}_t)$ 适应的以度量空间 $(E,d)$ 为状态空间的随机过程. 为了简单期间, 假设 $X$ 是连续过程.

首先设 $A$ 是闭集. 则 $D_A$ 是 $(\mathscr{F}_t)$ 停时. 事实上, 这时由轨道的连续性 $D_A \leq t$ 当且仅当

$$\inf_{s \in [0,t] \cap \mathbb{Q}} d(X_s, A) = d(\{X_s : s \in [0,t] \cap \mathbb{Q}\}, A) = 0.$$

注意 $d(\{X_s : s \in [0,t] \cap \mathbb{Q}\}, A)$ 是一个 $\mathscr{F}_t$ 可测的随机变量. 但是 $X$ 的轨道只是几乎处处连续的, 因此 $\{D_A \leq t\}$ 与 $\mathscr{F}_t$ 可测集

$$\{\inf_{s \in [0,t] \cap \mathbb{Q}} d(X_s, A) = 0\}$$

相差一个零概率集, 也就是说如果 $\mathscr{F}_0$ 包含了所有零概率集, 那么 $\{D_A \leq t\} \in \mathscr{F}_t$, 即 $D_A$ 是 $(\mathscr{F}_t)$ 停时.

首中时 $T_A$ 是停时吗? 对任何 $n$, 令

$$D_A^n = \inf\{t \geq n^{-1} : X_t \in A\},$$

那么不难验证 $D_A^n$ 也是停时且单调递减趋于 $T_A$. 因此, 如果流 $(\mathscr{F}_t)$ 是右连续的, 那么 $T_A$ 也是停时.

再设 $A$ 是开集. 那么对于连续的轨道, $T_A < t$ 当且仅当存在有理数 $s < t$ 使得 $X_s \in A$, 因此若 $\mathscr{F}_t$ 包含所有零概率集, 则 $\{T_A < t\} \in \mathscr{F}_t$, 即 $T_A$ 是 $(\mathscr{F}_{t+})$- 停时, 但一般不是 $(\mathscr{F}_t)$- 停时. 直观地, $X$ 的一条轨道 $t$ 时刻 (包括 $t$) 前的信息不能告诉我们它是否将立刻进入一个开集. ∎

从这个例子可以看出, 要使得一个闭集或者开集的首中时是关于流 $(\mathscr{F}_t)$ 的停时, 需要的条件是流 $(\mathscr{F}_t)$ 有右连续性且 $\mathscr{F}_0$ 包含有所有零概率集. 如果这两个条件满足, 我们说流满足通常条件.

**引理 2.2.2** 设流满足通常条件. 那么一个连续适应过程关于开集或者闭集的首中时是停时.

实际上, 在流满足通常条件时, 一个右连续适应过程的关于任意 Borel 集的首中时是停时. 证明略. 与停时密切相关的是停止位置 $X_\tau$, 首先要讨论它的可测性问题, 为了它是可测的, 随机过程本身作为二元函数要有某种联合可测性. 适应性只是随机过程固定时间时候的可测性, 不是联合可测性. 对随机时间 $\tau: \Omega \to \mathsf{T} \cup \{+\infty\}$, 当 $\tau(\omega) < \infty$ 时, 自然地定义

$$X_\tau(\omega) := X_{\tau(\omega)}(\omega).$$

注意, 此映射的定义域是 $\{\tau < \infty\}$, 除非 $X_{+\infty}$ 处处有定义. 如果 $\tau$ 是 $A$ 的首中时, 则 $X_\tau$ 是首中点. 再定义 $X$ 的 $\tau$ 停止过程 (或局部化过程) 为

$$X_t^\tau := X_{\tau \wedge t}, \ t > 0.$$

停止过程是连续时间鞅论中所使用的主要技巧之一.

**定义 2.2.4** 设 $\mathsf{T} = [0, \infty)$, $X = (X_t)_{t \in \mathsf{T}}$ 是以拓扑空间 $E$ 为状态空间的 $(\mathscr{F}_t)_{t \in \mathsf{T}}$ 适应过程, 称过程 $X$ 是可测的, 如果映射 $(s, \omega) \mapsto X_s(\omega)$ 是从 $(\mathsf{T} \times \Omega, \mathscr{B}(\mathsf{T}) \times \mathscr{F})$ 到 $(E, \mathscr{E})$ 的可测映射; 称 $X$ 是 (关于流 $(\mathscr{F}_t)$) 循序可测的, 如果对任何 $t \in \mathsf{T}$, 映射 $(s, \omega) \mapsto X_s(\omega)$ 是从 $([0, t] \times \Omega, \mathscr{B}([0, t]) \times \mathscr{F}_t)$ 到 $(E, \mathscr{E})$ 的可测映射.

在上面的定义中, $E$ 可以是容易可测空间, 但是不妨认为 $E$ 是欧氏空间. 循序可测过程是介于适应过程和右连续适应过程之间的一个概念.

**练习 2.2.4** 证明一个 $(\mathscr{F}_t)$ 循序可测过程是 $(\mathscr{F}_t)$ 适应过程.

**定理 2.2.1** 如果流 $(\mathscr{F}_t)$ 包含所有零概率集, 那么一个右连续 (或左连续) 的 $(\mathscr{F}_t)$ 适应实值过程是循序可测的.

证明. 对 $t \in \mathsf{T}$, $n \geq 1$, 令

$$X_s^{(n)} := \sum_{k=1}^{2^n} X_{\frac{k}{2^n} t} 1_{(\frac{k-1}{2^n} t, \frac{k}{2^n} t]} + X_0 1_{\{0\}},$$

则 $(s, \omega) \mapsto X_s^{(n)}(\omega)$ 是 $([0, t] \times \Omega, \mathscr{B}([0, t]) \times \mathscr{F}_t)$ 到 $(E, \mathscr{E})$ 的可测映射. 因 $X$ 是右连续的, 故 $X_s = \lim_n X_s^{(n)}$ a.s. 因此定理结论成立. □

下面我们证明 $X_\tau$ 实际上是关于 $\mathscr{F}_\tau$ 可测的, 这个结论非常重要.

*2.3 连续时间鞅*

**定理 2.2.2** 如果 $X$ 是以 $E$ 为状态空间的 $(\mathscr{F}_t)$ 循序可测过程，$\tau$ 是 $(\mathscr{F}_t)$ 停时，则 $X_\tau$ 限制在 $\Omega_\tau := \{\tau < \infty\}$ 上是 $(\Omega_\tau, \mathscr{F}_\tau \cap \Omega_\tau)$ 到 $(E, \mathscr{E})$ 的可测映射.

**证明.** 因 $X$ 是循序可测的，故对任何 $t \in \mathsf{T}, (s,\omega) \mapsto X_s(\omega)$ 是从 $([0,t] \times \Omega, \mathscr{B}([0,t]) \times \mathscr{F}_t)$ 到 $(E, \mathscr{E})$ 的可测映射. 而容易验证 $\omega \mapsto (\tau(\omega) \wedge t, \omega)$ 是 $(\Omega, \mathscr{F}_t)$ 到 $([0,t] \times \Omega, \mathscr{B}([0,t]) \times \mathscr{F}_t)$ 的可测映射，因此两个映射的复合 $\omega \mapsto X_{\tau(\omega) \wedge t}(\omega)$ 是 $(\Omega, \mathscr{F}_t)$ 到 $(E, \mathscr{E})$ 的可测映射，那么对任何 $B \in \mathscr{E}, \{X_\tau \in B\} \cap \Omega_\tau \cap \{\tau \leq t\} = \{X_\tau \in B, \tau \leq t\} = \{X_{\tau \wedge t} \in B\} \cap \{\tau \leq t\} \in \mathscr{F}_t$，即 $\{X_\tau \in B\} \cap \Omega_\tau \in \mathscr{F}_\tau$. □

本节的要点是，给定流 $(\mathscr{F}_t)$，右连续适应过程 $X$ 在停时 $\tau$ 处的位置 $X_\tau$ 是关于 $\mathscr{F}_\tau$ 可测的.

## 2.3 连续时间鞅

本节将介绍连续时间鞅，虽然本质上连续时间与离散时间理论没有太大的区别，但是在技术细节上连续时间理论要复杂一些，连续时间鞅论是法国以 P.A.Meyer 领导下的 Strassburg 学派培育和发展起来的，他们将 Doob 的鞅论和 Itô 的随机积分理论结合起来发展出了现在的随机分析理论.

在本节中，我们首先将证明对于一个右连续下鞅，我们可以假设流满足通常条件，因此开集与闭集的首中时是停时. 继而证明 Doob 的有界停止定理成立，从而 (下) 鞅的停止过程仍然是 (下) 鞅. 最后把 Doob 的两个鞅不等式推广到右连续下鞅场合. 这是说只要有右连续假设，离散时间鞅的结论都可以推广到连续时间鞅上.

设 $\mathsf{T} = [0, \infty), (\Omega, \mathscr{F}, \mathbb{P})$ 是完备概率空间，$(\mathscr{F}_t)_{t \in \mathsf{T}}$ 是概率空间上的流.

**定义 2.3.1** 设 $X = (X_t)$ 是适应的实值可积过程. 如果对任何 $t > s$ 有

$$\mathbb{E}(X_t | \mathscr{F}_s) = X_s,$$

那么称 $X$ 是鞅. 下鞅和上鞅类似地定义. 如果一个 (下) 鞅同时是右连续或者连续随机过程，那么称之为右连续或者连续 (下) 鞅.

鞅或者下鞅未必是右连续的，那么自然的问题是它是不是有右连续修正，即对于一个下鞅 $X$，是否存在一个右连续下鞅 $Y$ 使得对任何 $t$，有 $X_t = Y_t$ a.s.? 这个问题很重要，但是本讲义并没有用到，所以我们把它放在习题里讨论.

连续时间鞅的性质和离散时间鞅没有本质的不同. 到现在为止，我们还没有介绍真正有意义的连续时间随机过程的例子，所以也无法给出非平凡的连续时间鞅的例子，因此下面讲的这些理论还只是纸上谈兵，一直要等到引入 Brown 运动之后．

**例 2.3.1** Doob 鞅是鞅的一个平凡的例子．设 $\xi$ 是可积随机变量，定义

$$X_t := \mathbb{E}(\xi|\mathscr{F}_t),\ t \geq 0,$$

那么 $X = (X_t)$ 是一个一致可积鞅，称为 Doob 鞅．

根据这个定义，不难看出，我们可以假设 $\mathscr{F}_0$ 中含有所有概率零的集合，否则我们可加入这些集合．这个假设不影响条件期望，因为所有关于条件期望的结果都是在几乎处处的意义下叙述的．

**定理 2.3.1** 如果 $X$ 是一个右连续的 $(\mathscr{F}_t)$ 下鞅，则 $X$ 也是一个 $(\mathscr{F}_{t+})$ 下鞅．

**证明．** 这是负指标下鞅收敛定理的一个推论．我们要证明对 $t > s$ 有

$$\mathbb{E}(X_t|\mathscr{F}_{s+}) \geq X_s.$$

取 $t_0 = t$，$t_n$ 严格递减趋于 $s$．定义 $Y_{-n} := X_{t_n}$，$\mathscr{G}_{-n} := \mathscr{F}_{t_n}$，那么 $(Y_{-n}, \mathscr{G}_{-n} : n \geq 0)$ 是负指标下鞅．因为 $\mathbb{E}Y_{-n} \geq \mathbb{E}X_s > -\infty$，故应用定理 2.1.7 的结论推出

$$\mathbb{E}(X_t|\mathscr{F}_{s+}) = \mathbb{E}(X_t|\bigcap_n \mathscr{G}_{-n}) \geq \lim_n Y_{-n} = X_s,$$

其中 $Y_{-n} \to X_s$ 是因为右连续假设．□

由上面这个结论，以后我们说到右连续下鞅时，总是可以假设对应的流是满足通常条件的，也就是说假设 $(\mathscr{F}_t)$ 满足通常条件，那么开集或者闭集的首中时总是停时．下面的定理是 Doob 有界停止定理的连续时间版本，是对于右连续下鞅叙述的．

**定理 2.3.2** 设 $X$ 是右连续下鞅，$\tau$，$\sigma$ 是有界停时且 $\sigma \leq \tau$，则 $X_\sigma$，$X_\tau$ 是可积的且

$$X_\sigma \leq \mathbb{E}(X_\tau|\mathscr{F}_\sigma),\ \text{a.s.} \tag{2.3.1}$$

**证明．** 先证明 $X_\sigma$ 是可积的．对 $n \geq 0$，令 $D_n := \{k2^{-n} : k = 0, 1, 2, \cdots\}$ 及

$$\sigma_n(\omega) := \inf\{t \in D_n : t \geq \sigma(\omega)\},\ \omega \in \Omega.$$

因 $D_n \subset D_{n+1}$，故 $\sigma_n$ 与 $\sigma_{n+1}$ 是值域为 $D_{n+1}$ 的关于流 $(\mathscr{F}_t : t \in D_{n+1})$ 的有界停时，应用 Doob 离散时间有界停时定理于 $(\mathscr{F}_t : t \in D_{n+1})$ 下鞅 $(X_t : t \in D_{n+1})$，得知 $X_{\sigma_n}$ 与 $X_{\sigma_{n+1}}$ 是可积的且

$$X_{\sigma_{n+1}} \leq \mathbb{E}(X_{\sigma_n}|\mathscr{F}_{\sigma_{n+1}}).$$

*2.3 连续时间鞅*  41

对 $n \leq 0$, 令
$$Y_n := X_{\sigma_{-n}}, \mathscr{G}_n := \mathscr{F}_{\sigma_{-n}},$$
则 $(Y_n : n = 0, -1, -2, \cdots)$ 是关于 $(\mathscr{G}_n : n = 0, -1, -2, \cdots)$ 的下鞅, 且对任何 $n \leq 0$, $\mathbb{E}Y_n = \mathbb{E}X_{\sigma_{-n}} \geq \mathbb{E}X_0$, 由定理 2.1.4, $(X_{\sigma_n} : n = 0, 1, 2, \cdots)$ 是一致可积的, 且因为 $X$ 是右连续的, 故当 $n \to \infty$ 时, $X_{\sigma_n}$ 几乎处处收敛于 $X_\sigma$, 因而也 $L^1$- 收敛于 $X_\sigma$, 因此 $X_\sigma$ 是可积的, 同理 $X_\tau$ 也是可积的.

接着证明 (2.3.1) 式. 同样定义 $\tau_n := \inf\{t \in D_n : t \geq \tau\}$, 则 $\tau_n \geq \sigma_n$ 且都是有界停时, 对任何 $A \in \mathscr{F}_\sigma = \bigcap_n \mathscr{F}_{\sigma_n}$, 再应用 Doob 停止定理, 对任何 $n$,
$$\mathbb{E}(X_{\tau_n}; A) \geq \mathbb{E}(X_{\sigma_n}; A),$$
由 $L^1$-收敛性得 $\mathbb{E}(X_\tau; A) \geq \mathbb{E}(X_\sigma; A)$. □

由此定理, 如果 $X = (X_t)$ 是右连续 $(\mathscr{F}_t)$ 下鞅, $\tau$ 是停时, 那么停止过程 $X^\tau$ 是关于被停止的流 $(\mathscr{F}_{\tau \wedge t})$ 的下鞅. 但是实际上这还不够, 我们下面将证明 $X^\tau$ 是关于原来流 $(\mathscr{F}_t)$ 的下鞅. 在离散时间的情况, 这个结果是由关于离散时间的随机积分的定理 2.1.1 推出的. 但是在连续时间的情形, 随机积分的定义远非如此简单, 故我们需要用 Doob 停止定理来证明. 为了这样一点点进步, 我们需要花费不少的细节, 关键是下面的引理.

**引理 2.3.1** 设 $\sigma$ 是停时, $t \geq 0$, $\xi$ 是 $\mathscr{F}_\sigma$ 可测的可积随机变量, 那么
$$\mathbb{E}[\xi|\mathscr{F}_t] = \mathbb{E}[\xi|\mathscr{F}_{\sigma \wedge t}]. \tag{2.3.2}$$

**证明.** 首先容易验证 $\mathscr{F}_{\sigma \wedge t} = \mathscr{F}_\sigma \cap \mathscr{F}_t$, 对此, 在习题中有更一般的结果.

现在由条件期望的性质, 只需证明 $\mathbb{E}[\xi|\mathscr{F}_t]$ 关于 $\mathscr{F}_\sigma$ 可测就可以了, 因为这样的话, 它即关于 $\mathscr{F}_\sigma \cap \mathscr{F}_t = \mathscr{F}_{\sigma \wedge t}$ 可测. 首先验证下面的断言.

**练习 2.3.1** 随机变量 $Y$ 是 $\mathscr{F}_\sigma$ 可测的当且仅当对任何 $s \geq 0$, 有 $Y \cdot 1_{\{\sigma \leq s\}}$ 是 $\mathscr{F}_s$ 可测的.

因此, 由 $\xi$ 是 $\mathscr{F}_\sigma$ 可测的条件推出
$$\mathbb{E}[\xi|\mathscr{F}_t] = \mathbb{E}[\xi \cdot 1_{\{\sigma \leq t\}} + \xi \cdot 1_{\{\sigma > t\}}|\mathscr{F}_t]$$
$$= \xi \cdot 1_{\{\sigma \leq t\}} + 1_{\{\sigma > t\}} \mathbb{E}[\xi|\mathscr{F}_t],$$
右边第一项显然是 $\mathscr{F}_\sigma$ 可测的. 为了证明第二项是 $\mathscr{F}_\sigma$ 可测的, 取任意 $s \geq 0$,
$$1_{\{\sigma > t\}} \mathbb{E}[\xi|\mathscr{F}_t] \cdot 1_{\{\sigma \leq s\}} = 1_{\{t < \sigma \leq s\}} \mathbb{E}[\xi|\mathscr{F}_t],$$

当 $t < s$, 右边是 $\mathscr{F}_s$ 可测函数与 $\mathscr{F}_t$ 可测函数的乘积, 因此是 $\mathscr{F}_s$ 可测的; 当 $t \geq s$ 时, 右边等于 0, 从而上面第二项也是 $\mathscr{F}_\sigma$ 可测的, 即 $\mathbb{E}[\xi|\mathscr{F}_t]$ 是 $\mathscr{F}_\sigma$ 可测的. □

**定理 2.3.3** 设 $\tau$ 是停时, $X$ 是右连续下鞅 (或鞅), 则 $X$ 的 $\tau$ 停止过程 $X^\tau = (X_{t\wedge\tau} : t \in \mathrm{T})$ 也是关于 $(\mathscr{F}_t)$ 的下鞅 (或鞅).

**证明.** 因 $t\wedge\tau$ 是有界停时, 由定理 2.3.2, $X^\tau$ 是 $(\mathscr{F}_t)$ 适应的可积过程, 并且对 $t > s$, 再应用定理 2.3.2 及由引理 2.3.1, 因为 $X_{t\wedge\tau}$ 是 $\mathscr{F}_{t\wedge\tau}$ 可测的, 故

$$\mathbb{E}(X_{t\wedge\tau}|\mathscr{F}_s) = \mathbb{E}(X_{t\wedge\tau}|\mathscr{F}_{t\wedge\tau\wedge s})$$
$$= \mathbb{E}(X_{t\wedge\tau}|\mathscr{F}_{s\wedge\tau})$$
$$\geq X_{s\wedge\tau}.$$

故 $X^\tau$ 也是 $(\mathscr{F}_t)$ 下鞅. □

下面定理在后面是有用的.

**定理 2.3.4** $(\mathscr{F}_t)$ 适应的右连续实值可积过程 $X$ 是鞅当且仅当对任何有界停时 $\tau$ 有 $\mathbb{E}X_\tau = \mathbb{E}X_0$.

**证明.** 只需证明对任何不超过 $T$ 的两个有界停时 $\sigma \leq \tau$, 有

$$\mathbb{E}[X_\tau|\mathscr{F}_\sigma] = X_\sigma.$$

事实上, 首先 $X_\sigma$ 是 $\mathscr{F}_\sigma$ 可测的. 其次, 对任何 $A \in \mathscr{F}_\sigma$, 定义

$$\sigma' = \sigma 1_A + T 1_{A^c} \leq T;$$
$$\tau' = \tau 1_A + T 1_{A^c} \leq T.$$

当 $t < T$ 时, $\{\sigma' \leq t\} = \{\sigma \leq t\} \cap A \in \mathscr{F}_t$, 故 $\sigma_1$ 是停时, 而 $\mathscr{F}_\sigma \subset \mathscr{F}_\tau$, 因此 $\tau'$ 也是停时. 然后由定理条件推出 $\mathbb{E}[X_{\tau'}] = \mathbb{E}[X_{\sigma'}]$, 即

$$\mathbb{E}[X_\tau 1_A + X_T 1_{A^c}] = \mathbb{E}[X_\sigma 1_A + X_T 1_{A^c}],$$

这蕴含着 $\mathbb{E}[X_\tau 1_A] = \mathbb{E}[X_\sigma 1_A]$, 就是我们想要证明的结论. □

定理 2.1.4 中的两个下鞅不等式对限制在可列稠子集上成立, 由下鞅的右连续性, Doob 的不等式可推广到连续时间下鞅, 其中第二个实际上是本节最重要的结果之一, 称为 Doob 鞅极大不等式, 在后面将频繁用到.

**定理 2.3.5** 设 $X$ 是一个右连续非负下鞅, $T > 0$, 则

(1) 对任何 $\lambda > 0$,
$$\lambda \mathbb{P}(\max_{0 \leq t \leq T} X_t \geq \lambda) \leq \mathbb{E}[X_T]; \tag{2.3.3}$$

(2) 对任何 $p > 1$,
$$\mathbb{E}[\max_{0 \leq t \leq T} X_t^p] \leq \left(\frac{p}{p-1}\right)^p \mathbb{E}[X_T^p]. \tag{2.3.4}$$

特别地, 如果 $X$ 是鞅, 那么
$$\mathbb{E}[\max_{0 \leq t \leq T} X_t^2] \leq 4\mathbb{E}[X_T^2]. \tag{2.3.5}$$

证明. (1) 取 $[0,T]$ 的可列稠子集 $D = \{x_n\}$, 对任何 $n$, 取其前 $n$ 个数按小到大排列为 $0 = t_0^n < t_1^n < \cdots < t_n^n = T$, 因为 $X$ 是右连续的, 故
$$\max_{0 \leq t \leq T} X_t = \max\{X_t : t \in [0,T] \cap D\} = \uparrow \lim_n \max_{0 \leq i \leq n} X_{t_i^n},$$

然后应用定理 2.1.4 (1) 和单调收敛定理得证. (2) 的证明类似. □

在连续时间情况下, Kolmogorov 不等式仍然成立, 即如果 $X = (X_t)$ 是右连续鞅, 那么对任意 $T > 0$ 与 $\lambda > 0$ 有
$$\mathbb{P}(\sup_{t \leq T} |X_t| \geq \lambda) \leq \frac{1}{\lambda^2} \mathbb{E}[X_T^2]. \tag{2.3.6}$$

但是在以后的场合, 我们通常可以使用比 Kolmogorov 不等式更强的 (2.3.5).

## 2.4 习题与解答

1. 设 $(Y_n : n \geq 1)$ 是一个具有有限状态空间 $E$ 的 Markov 链, $\mathbf{P} = (p(x,y)) : x, y \in E$ 是转移矩阵, 即对任何 $n \geq 1$ 及 $y \in E$, 有
$$\mathbb{P}(Y_n = y | Y_{n-1}, \cdots, Y_1, Y_0) = p(Y_{n-1}, y).$$

   $\alpha : E \to \mathbb{R}$ 是 $\mathbf{P}$ 的从属于特征值 $\lambda$ 的特征向量: $\mathbf{P}\alpha = \lambda\alpha$. 令 $X_n := \lambda^{-n}\alpha(Y_n)$, 证明: $(X_n : n \geq 1)$ 是一个鞅.

2. 设 $X$ 是零均值平方可积的独立增量过程, 证明: 存在唯一的 $T$ 上初值为零的递增函数 $F$, 使得 $(X_t^2 - F(t))$ 是一个鞅.

3. (Wald 鞅) 设 $\{Y_n : n \geq 1\}$ 是独立同分布随机序列使得 $\phi(t) := \mathbb{E}[e^{tY_n}]$ 对某个 $t \neq 0$ 有限. 令
$$X_n := \phi(t)^{-n} \exp[t(Y_1 + \cdots + Y_n)].$$
证明: $\{X_n : n \geq 1\}$ 是鞅.

4. 一个袋子中在时刻 0 有一个红球与一个白球. 随机地从袋子中取一个球, 然后将它放回并放入一个相同颜色的球, 无限地重复此过程. 记 $X_n$ 为 $n$ 次后袋中白球数与总球数之比. 证明: $\{X_n\}$ 是鞅.

5. 设 $\{Y_n : n \geq 1\}$ 是独立同分布随机序列, $f_0, f_1$ 是两个概率密度函数, $f_0 > 0$. 令
$$X_n := \frac{f_1(Y_1) f_1(Y_2) \cdots f_1(Y_n)}{f_0(Y_1) f_0(Y_2) \cdots f_0(Y_n)}.$$
证明: 如果 $f_0$ 是 $Y_n$ 的密度函数, 那么 $(X_n)$ 是鞅.

6. 设 $\{X_n : n \geq 0\}$ 是 $(\mathscr{F}_n)$ 适应的可积随机序列, 满足
$$\mathbb{E}(X_{n+1} | \mathscr{F}_n) = \alpha X_n + \beta X_{n-1}, \ n \geq 1,$$
其中 $\alpha > 0, \beta > 0, \alpha + \beta = 1$. 问 $a$ 为何值时, 序列 $Y_0 := X_0$, $Y_n := aX_n + X_{n-1}$ 是 $(\mathscr{F}_n)$ 鞅?

7. 设 Markov 链 $\{X_n : n \geq 0\}$ 的状态空间为 $\{0, 1, \cdots, N\}$, 转移概率为
$$p_{ij} = \binom{N}{j} \pi_i^j (1 - \pi_i)^{N-j}, \ 0 \leq i, j \leq N,$$
其中 $\pi_i = \dfrac{1 - e^{-2a \frac{i}{N}}}{1 - e^{-2a}}$. 验证: $Z_n := e^{-2aX_n}$ 是鞅.

8. 设 $\{Y_n\}$ 是独立同分布正随机变量序列使得 $\mathbb{E}Y_n = 1$. 记 $X_n := Y_1 Y_2 \cdots Y_n$.

   (a) 证明: $(X_n)$ 是鞅且几乎处处收敛于一个随机变量 $X$;

   (b) 设 $Y_n$ 以概率 $1/2$ 分别取值 $1/2$ 与 $3/2$. 验证 $X = 0$ a.s. 因此
   $$\mathbb{E} \prod_{n \geq 1} Y_n \neq \prod_{n \geq 1} \mathbb{E} Y_n.$$

9. (Doob 分解) 证明: 下鞅 $(X_n)$ 可唯一分解为 $X_n = Y_n + Z_n$, 其中 $(Y_n)$ 是鞅, $(Z_n)$ 是从 0 出发的非负可预料的增过程: $0 = Z_1 \leq Z_2 \leq \cdots$.

## 2.4 习题与解答

10. (Riesz 分解) 证明: 上鞅 $(X_n)$ 可分解为 $X_n = Y_n + Z_n$, 其中 $Y$ 是鞅, $Z$ 是位势 (即 $Z$ 是上鞅且 $\lim_n \mathbb{E} Z_n = 0$) 当且仅当 $\{\mathbb{E} X_n\}$ 有界. 这时此分解唯一.

11. 设 $\{X_n\}$ 是鞅且 $|X_0(\omega)|, |X_n(\omega) - X_{n-1}(\omega)|$ 被一个与 $\omega$ 及 $n$ 无关的常数控制. 如果 $\tau$ 是一个具有有限均值的停时, 证明: $X_\tau$ 可积且 $\mathbb{E} X_\tau = \mathbb{E} X_0$.

12. 设 $\{X_n : n \geq 0\}$ 是例 2.1.4 中定义的从 $a$ 出发的随机游动, $\tau$ 是首次到达 $\{0, b\}$ 的时间. 证明: 当 $p = q$ 时, $X_n^2 - n$ 是鞅. 并由此求 $\mathbb{E}\tau$.

13. 设 $\{X_n : n \geq 0\}$ 是例 2.1.1 说的随机游动, $p > q$. 取整数 $b > 0$, 令 $\sigma := \min\{n : X_n = b\}$. 求停时 $\sigma$ 的母函数并由此计算 $\sigma$ 的均值与方差.

    答案.
    $$\mathbb{E}[z^\sigma] = \left( \frac{1 - (1 - 4pqz^2)^{\frac{1}{2}}}{2qz} \right)^b, \; 0 < z < 1.$$

14. 设 $\xi_1, \xi_2, \cdots, \xi_n, \cdots$ 是独立同分布可积随机变量. 对 $k \geq 1$, 令 $S_k := \xi_1 + \cdots + \xi_k$, 证明: $\cdots, S_k/k, S_{k-1}/(k-1), \cdots, S_2/2, S_1$ 按这个顺序是鞅. 由此证明 Kolmogorov 强大数定律.

    提示. 证明
    $$\mathbb{E}(S_1 | S_n, S_{n+1}, \cdots) = \mathbb{E}(S_1 | S_n) = \frac{S_n}{n}.$$

15. 设 $X = (X_n)$ 是非负上鞅, 证明:

    (a) 如果 $k \leq n$, 那么 $\mathbb{P}(\{X_k = 0, X_n > 0\}) = 0$;

    (b) $\mathbb{P}(\{X_n > 0, \min_{k \leq n} X_k = 0\}) = 0$.

    (c) 设 $\tau = \inf\{n : X_n = 0\}$, 则
    $$\mathbb{P}\left( \bigcup_{n \geq 1} \{X_{\tau+n} > 0\}, \tau < \infty \right) = 0.$$

    提示. 令 $\tau = \inf\{n : X_n = 0\}$. 则
    $$0 = \mathbb{E}[X_{\tau \wedge N}, \tau \leq N] \geq \mathbb{E}[X_N, \tau \leq N].$$

16. 设 $\{X_n : n \geq 0\}$ 是鞅, $\tau$ 是停时. 如果

(a) $\mathbb{P}(\tau < \infty) = 1$;

(b) $\mathbb{E}|X_\tau| < \infty$;

(c) $\lim_n \mathbb{E}[X_n; \{\tau > n\}] = 0$,

证明: $\mathbb{E}[X_\tau] = \mathbb{E}[X_0]$.

17. 设 $X$ 是一个 $(\mathscr{F}_t)$ 适应的, 右连续并具有左极限的过程. 令 $A$ 是使得 $X$ 在 $[0,t)$ 上连续的样本全体. 证明: $A \in \mathscr{F}_t$.

    证明. 令 $Y_t = (X_{t-}, X_t)$, 当然 $Y = (Y_t)$ 也是 $(\mathscr{F}_t)$ 适应的. 定义
    $$\tau = \inf\{t \geq 0 : Y_t \notin d\},$$
    其中 $d$ 是状态空间 $E \times E$ 的对角线, 那么 $\tau$ 是开集的首中时, 故是 $(\mathscr{F}_{t+})$- 停时, 因此 $A = \{\tau \geq t\} = \{\tau < t\}^c \in \mathscr{F}_t$. □

18. 设 $\tau$ 是个停时, $\sigma$ 是随机时间且 $\sigma \geq \tau$. 证明: 如果 $\sigma$ 是 $\mathscr{F}_\tau$ 可测的, 则 $\sigma$ 是个停时.

19. 设 $\tau$ 是 $(\mathscr{F}_t)$ 停时, 证明: $\mathscr{F}_{\tau+} = \bigcap_{\sigma > \tau} \mathscr{F}_\sigma$, 其中 $\sigma$ 是停时.

20. 设 $\tau, \sigma$ 是 $(\mathscr{F}_t)$ 停时, 则 $\mathscr{F}_{\tau \wedge \sigma} = \mathscr{F}_\tau \cap \mathscr{F}_\sigma$, 且事件 $\{\tau < \sigma\}, \{\tau \leq \sigma\} \in \mathscr{F}_\tau \cap \mathscr{F}_\sigma$.

21. (下鞅收敛定理) 设 $(X_t)$ 是 $(\mathscr{F}_t)$ 的右连续下鞅且 $\sup_{t \in \mathsf{T}} \mathbb{E} X_t^+ < \infty$. 证明: $\lim_{t \to \infty} X_t$ 几乎处处收敛且极限可积.

22. 证明: 一个鞅是一致可积鞅当且仅当它是右闭鞅 (Doob 鞅).

23. (Föllmer 引理) 设 $X = (X_t : t \in \mathsf{T})$ 是一个下鞅, $D$ 是 $\mathsf{T}$ 的一个可列稠子集, 对正整数 $K > 0$, 令 $D_K := [0, K] \cap (D \cup \{0, K\})$, 则

    (a) 对几乎所有的 $\omega \in \Omega$, 从 $D$ 到 $\mathbb{R}$ 的映射 $t \mapsto X_t(\omega)$ 对任何 $K > 0$ 在 $D_K$ 上是有界的且在每个点 $t \in \mathsf{T}$ 有右极限
    $$X_{t+}^D(\omega) := \lim_{s \in D, s \downarrow \downarrow t} X_s(\omega)$$
    及左极限
    $$X_{t-}^D(\omega) := \lim_{s \in D, s \uparrow \uparrow t} X_s(\omega).$$
    序列 $s_n \uparrow\uparrow t$ 表示对任何 $n \geq 1, s_n < t$ 且 $s_n \uparrow t$. $\downarrow\downarrow$ 类似理解;

## 2.4 习题与解答

(b) 对所有 $t \in \mathsf{T}$, $X_{t+}^D$ 是可积的且 $X_t \leq \mathbb{E}(X_{t+}^D|\mathscr{F}_t)$. 如果 $t \mapsto \mathbb{E}X_t$ 右连续, 则 $X_t = \mathbb{E}(X_{t+}^D|\mathscr{F}_t)$;

(c) 过程 $X_+^D = (X_{t+}^D : t \in \mathsf{T})$ 是关于右极限流 $(\mathscr{F}_{t+})$ 的右连续下鞅, 当 $X$ 是鞅时, $X_+^D$ 也是一个鞅.

24. 证明一个右连续下鞅的几乎所有轨道是存在左极限的.

25. 设 $(X_t)$ 是一个关于 $(\mathscr{F}_t)$ 的右连续非负上鞅. 证明: 当 $t \to \infty$ 时, $X_t$ 几乎处处收敛于一个可积随机变量, 记为 $X_\infty$, 且 $(X_t : 0 \leq t \leq +\infty)$ 是 $(\mathscr{F}_t)$ 上鞅.

# 第三章 Brown 运动

在本章中,我们将引入概率论中最有用最重要的随机过程, Brown 运动. 它是连续的, Gauss 过程, 是鞅也是 Markov 过程. 尽管它的样本轨道不是有界变差的, 但它有二次变差, 使得我们可以定义积分, 叫作 Itô 积分.

## 3.1 随机过程与无穷维空间上的概率测度

Brown 运动的构造不是一件平凡的事情, 首先要知道怎么去构造一个连续时间的随机过程, 这是 Kolmogorov 在他为概率论建立公理的专著中给出的一个方法, 就是通过有限维分布族来构造无限维空间上测度. 为了讲清楚构造定理的背景, 我们要说明从分布的意义来说, 随机过程就是无穷维空间上的概率测度.

设 $(\Omega, \mathscr{F}, \mathbb{P})$ 是概率空间, $\mathsf{T}$ 是任意一个指标集, $X = (X_t : t \in \mathsf{T})$ 是其上的以 $(E, \mathscr{E})$ 为状态空间 (不妨设 $E$ 是 Euclid 空间) 的随机过程 (确切地说应该称为可测映射族). 为了叙述更加清楚方便, 我们需要引入一些符号和名词. 用 $\mathscr{I}_\mathsf{T}$ 表示 $\mathsf{T}$ 的有限有序子集全体, 即

$$\mathscr{I}_\mathsf{T} := \{(t_1, \cdots, t_n) : n \geq 1, \ t_1, \cdots, t_n \in \mathsf{T}\}.$$

对 $I = (t_1, \cdots, t_n) \in \mathscr{I}_\mathsf{T}$, 记 $E^n$ 为 $E^I$, 用 $X_I$ 或 $X_{(t_1, \cdots, t_n)}$ 表示映射

$$\omega \mapsto (X_{t_1}(\omega), \cdots, X_{t_n}(\omega)),$$

则 $X_I$ 是 $\Omega$ 到 $E^I$ 的可测映射. 测度

$$\mu_I := \mathbb{P} \circ X_I^{-1}$$

## 3.1 随机过程与无穷维空间上的概率测度

是空间 $(E^I, \mathscr{E}^I)$ 上由 $X_I$ 诱导的测度, 也就是 $X$ 在时间点 $I$ 上的有限维分布. 确切地, 对任何 $A_1, \cdots, A_n \in \mathscr{E}$,

$$\mu_{(t_1,\cdots,t_n)}(A_1 \times \cdots \times A_n) = \mathbb{P}(X_{t_1} \in A_1, \cdots, X_{t_n} \in A_n).$$

再记有限维分布族为 $\mathscr{L}_X := \{\mu_I : I \in \mathscr{I}_\mathsf{T}\}$.

**例 3.1.1** 最重要的一个随机过程是 Gauss 过程. 一个随机过程称为是 Gauss 过程, 如果它的任何有限维分布是正态 (Gauss) 分布. 让我们用 Hilbert 空间来构造一个 Gauss 过程. 设指标集 $\mathsf{T}$ 是一个内积为 $\langle \cdot, \cdot \rangle$ 的 Hilbert 空间 $H$, 取一个标准正交基 $\{e_n : n \geq 1\}$. 再取一个概率空间及其上一个独立且都服从标准正态分布的随机序列 $\{\xi_n : n \geq 1\}$, 定义随机指标集为 $H$ 的随机过程

$$X(h) := \sum_{n \geq 1} \langle e_n, h \rangle \xi_n,\ h \in H,$$

那么 $X = (X(h) : h \in H)$ 是一个 Gauss 随机过程 (场) 且

$$\mathbb{E}[X(g)X(h)] = \langle g, h \rangle,$$

即 $X$ 是一个等距映射. ∎

**定义 3.1.1** 分别在概率空间 $(\Omega, \mathscr{F}, \mathbb{P})$ 和 $(\Omega', \mathscr{F}', \mathbb{P}')$ 上定义的且有相同的状态空间 $(E, \mathscr{E})$ 与相同的指标集 $\mathsf{T}$ 的随机映射族 $X, X'$ 称为是等价的 (同分布的), 如果它们有相同的有限维分布族, 即对任何 $I = (t_1, \cdots, t_n) \in \mathscr{I}_\mathsf{T}\mathsf{T}$,

$$\mathbb{P} \circ X_I^{-1} = \mathbb{P}' \circ X_I'^{-1}.$$

现在我们来说明从等价的意义上说, 随机过程 (随机映射族) 可以表示为状态空间的无穷乘积空间上的概率测度. 固定 $\omega \in \Omega$, $t \mapsto X_t(\omega)$ 是 $\mathsf{T}$ 到 $E$ 的映射. 故我们需要考虑 $\mathsf{T}$ 到 $E$ 的映射组成的空间. 用 $E^\mathsf{T}$ 表示从 $\mathsf{T}$ 到 $E$ 中的映射 $x = (x(t) : t \in \mathsf{T})$ 全体组成的集合, $E^\mathsf{T}$ 中的元素有时也称为轨道, 而 $E^\mathsf{T}$ 通常称为轨道空间, 它实际上是 $E$ 的 $\mathsf{T}$ 次自乘的乘积空间. 对于 $x \in E^\mathsf{T}$, 令 $Z_t(x) := x(t)$, 它是 $E^\mathsf{T}$ 到 $E$ 上的投影, 也称为坐标算子, 因为 $x(t)$ 也称为 $x$ 在 $t$ 处的坐标. 令 $\mathscr{E}^\mathsf{T}$ 是 $E^\mathsf{T}$ 上让所有投影 $\{Z_t : t \in \mathsf{T}\}$ 成为可测映射的最小 $\sigma$- 代数, 即

$$\mathscr{E}^\mathsf{T} := \sigma(\{Z_t : t \in \mathsf{T}\}),$$

它也称为是柱集生成的 $\sigma$- 代数. 空间 $(E^\mathsf{T}, \mathscr{E}^\mathsf{T})$ 由 $E$ 和 $\mathsf{T}$ 决定, 称为典则空间, 所以 $Z = (Z_t : t \in \mathsf{T})$ 是 $(E^\mathsf{T}, \mathscr{E}^\mathsf{T})$ 上的可测映射族, 称为典则过程. 而且每个在给定

概率空间 $(\Omega, \mathscr{F}, \mathbb{P})$ 上以 $E$ 为状态空间, 以 $T$ 为指标集的随机过程 $X = (X_t)$ 将在典则空间上给出一个概率测度. 利用像测度的方法, 我们只要再构造一个联系两个空间的一个可测映射就够了, 一个自然的映射就在那里, 它把样本 $\omega \in \Omega$ 映射为样本轨道 $t \mapsto X_t(\omega)$, 记为 $\Phi$.

**练习 3.1.1** 验证 $\Phi$ 是可测映射.

这样概率 $\mathbb{P}$ 被 $\Phi$ 推送到典则空间上形成一个概率

$$\mu = \mathbb{P} \circ \Phi^{-1}.$$

**定理 3.1.1** 在 $\mu$ 之下, 轨道过程 $Z = (Z_t)$ 与 $X = (X_t)$ 等价.

**练习 3.1.2** 验证它们有相同的有限维分布族.

以上定理告诉我们, 构造随机过程等价于在典则空间上构造一个概率测度. 如果 $\mathscr{L}_X = \{\mu_I : I \in \mathscr{I}_T\}$ 是随机过程 $X$ 的有限维分布族, 那么它必然满足下面的相容性:

(1) 如果 $I = (t_1, \cdots, t_n)$, $A_1, \cdots, A_n$ 是 $E$ 的可测子集, $k_1, \cdots, k_n$ 是 $1, \cdots, n$ 的一个重排, 那么

$$\mu_I(A_1 \times \cdots \times A_n) = \mu_{(t_{k_1}, \cdots, t_{k_n})}(A_{k_1} \times \cdots \times A_{k_n});$$

(1) 设 $I = (t_1, \cdots, t_n) \in \mathscr{I}_T$, $A_1, \cdots, A_n \in \mathscr{E}$, 如果对某个 $1 \le k \le n$ 有 $A_k = E$, 则

$$\mu_I(A_1 \times \cdots \times A_k \times \cdots \times A_n)$$
$$= \mu_{I_k}(A_1 \times \cdots \times A_{k-1} \times A_{k+1} \times \cdots \times A_n),$$

其中 $I_k := (t_1, \cdots, t_{k-1}, t_{k+1} \cdots, t_n)$. 也就是说当 $I \subset J$ 都是 $T$ 的有限子集时, $\mu_I$ 是 $\mu_J$ 的在对应分量上的边缘分布.

**定义 3.1.2** 测度的集合

$$\mathscr{L} = \{\mu_I : I \in \mathscr{I}_T\}$$

称为是 $E$ 上的一个有限维分布族, 如果对每个 $I \in \mathscr{I}_T$, $\mu_I$ 是乘积空间 $(E^I, \mathscr{E}^I)$ 上的概率测度. $E$ 上的有限维分布族 $\mathscr{L} = \{\mu_I : I \in \mathscr{I}_T\}$ 称为是相容的有限维分布族, 如果它满足上面的相容性条件.

## 3.1 随机过程与无穷维空间上的概率测度

一个随机过程产生的有限维分布族总是相容的. 那么给定 $E$ 上的一个相容的有限维分布族 $\mathscr{L}$, 是否存在一个概率空间 $(\Omega, \mathscr{F}, \mathbb{P})$ 和其上的一个随机过程 $X$, 使 $X$ 的有限维分布族恰是 $\mathscr{L}$? 如果存在, 就说有限维分布族 $\mathscr{L}$ 可以实现, 而概率空间 $(\Omega, \mathscr{F}, \mathbb{P})$ 和过程 $X$ 是 $\mathscr{L}$ 的一个实现. 简单地说, 上面的问题等价于: 一个相容的有限维分布族是否一定可以实现?

回过头再看看随机变量, 如果 $\xi$ 是 $(\Omega, \mathscr{F}, \mathbb{P})$ 上 $n$- 维随机变量, 分布为 $\mu$, 它实际上是 $\mathbb{P}$ 在 $\xi$ 下的像, 而在概率空间 $(\mathbb{R}^n, \mathscr{B}(\mathbb{R}^n), \mu)$ 上定义随机变量 $I(x) = x$, 那么 $I$ 的分布也是 $\mu$. 这说明什么呢? 说明一个分布可以由状态空间 $\mathbb{R}^n$ 上一个给定的随机变量 $I$ 实现. 随机过程也是如此.

下面我们将介绍随机过程的构造定理, 也就是 Kolmogorov 的相容性定理, 它断言在一个好的状态空间上的相容的有限维分布族是可以实现的, 这是现代概率论的基石. 首先让我们介绍典则空间也就是无穷维乘积空间的概念, 它将在随机过程的构造理论中扮演重要的角色.

对 $I = (t_1, \cdots, t_n) \in \mathscr{I}_\mathsf{T}, x \in E^\mathsf{T}$, 令

$$x(I) := (x(t_1), \cdots, x(t_n)) \in E^I, \ \phi_I(x) := x(I),$$

则 $\phi_I$ 是 $E^\mathsf{T}$ 到 $E^I$ 上的投影. 对 $\mathsf{T}$ 的两个有限子集 $I \subset J$, 令

$$\phi_I^J(x(J)) := x(I),$$

它是 $E^J$ 到 $E^I$ 的投影. 对任何 $H \in \mathscr{E}^I$,

$$\phi_I^{-1}(H) = \{x \in E^\mathsf{T} : (x(t_1), \cdots, x(t_n)) \in H\}.$$

$E^\mathsf{T}$ 的形式如上的子集称为是 $E^\mathsf{T}$ 的一个柱集. 记 $E^\mathsf{T}$ 的所有柱集为

$$\mathscr{E}_0^\mathsf{T} := \{\phi_I^{-1}(H) : I \in \mathscr{I}_\mathsf{T}, \ H \in \mathscr{E}^I\},$$

一般地 $\mathscr{E}_0^\mathsf{T}$ 不是 $\sigma$- 代数 (除非 $\mathsf{T}$ 是有限的).

**引理 3.1.1** 柱集的集合 $\mathscr{E}_0^\mathsf{T}$ 对补运算和有限并封闭且 $\mathscr{E}^\mathsf{T} = \sigma(\mathscr{E}_0^\mathsf{T})$.

证明. 后一个结论是显然的. 现在证 $\mathscr{E}_0^\mathsf{T}$ 是一个代数. 由定义直接推出 $\varnothing, \Omega \in \mathscr{E}_0^\mathsf{T}$, 且 $\mathscr{E}_0^\mathsf{T}$ 对补集运算封闭. 另外容易看出, 对任何 $I = (t_1, \cdots, t_n) \in \mathscr{I}_\mathsf{T}, H \in \mathscr{E}^I$, $t \in \mathsf{T}$, 有

$$\phi_I^{-1}(H) = \phi_{I'}^{-1}(H'),$$

其中 $I' := (t_1, \cdots, t_{i-1}, t, t_i, \cdots, t_n) \in \mathscr{I}_\mathsf{T}$. 而

$$H' := \{(x_1, \cdots, x_{n+1}) \in E^{I'} : (x_1, \cdots, x_{i-1}, x_{i+1}, \cdots, x_{n+1}) \in H\},$$

那么对柱集 $\phi_{I_1}^{-1}(H_1), \phi_{I_2}^{-1}(H_2)$, 存在 $I \in \mathscr{I}_\mathsf{T}, H'_1, H'_2 \in \mathscr{E}^I$, 使得

$$\phi_{I_1}^{-1}(H_1) = \phi_I^{-1}(H'_1), \ \phi_{I_2}^{-1}(H_2) = \phi_I^{-1}(H'_2),$$

则 $\phi_{I_1}^{-1}(H_1) \bigcup \phi_{I_2}^{-1}(H_2) = \phi_I^{-1}(H'_1 \bigcup H'_2) \in \mathscr{E}_0^\mathsf{T}$. 即 $\mathscr{E}_0^\mathsf{T}$ 对有限并封闭. □

说一个有限维分布族可以在典则空间上实现, 如果典则空间上有一个概率 $\mathbb{P}$ 使得轨道过程的有限维分布族恰是给定的有限维分布族.

**引理 3.1.2** 一个有限维分布族有一个实现当且仅当它可以在典则空间上实现, 称为典则实现.

下面我们将证明 Kolmogorov 相容定理. 用我们引入的符号, 相容性 (3.1.1) 等价于说如果 $I \subset J \subset \mathsf{T}$, 则 $\mu_I$ 是 $\mu_J$ 在投影之下的像, 即

$$\mu_I = \mu_J \circ (\phi_I^J)^{-1}. \tag{3.1.1}$$

**定理 3.1.2** (Kolmogorov) 设 $E$ 是完备可分度量空间, $\mathscr{E}$ 是对应的 Borel $\sigma$- 代数, 则 $(E, \mathscr{E})$ 上的任何相容的有限维分布族一定有一个实现.

**证明.** 设 $\mathscr{L} = \{\mu_I : I \in \mathscr{I}_\mathsf{T}\}$ 是 $(E, \mathscr{E})$ 上的一个相容的有限维分布族. 让我们先在柱集类 $\mathscr{E}_0^\mathsf{T}$ 上构造一个集函数 $\mathbb{P}$ 如下:

$$\mathbb{P}(\phi_I^{-1}(H)) := \mu_I(H), \ I \in \mathscr{I}_\mathsf{T}, \ H \in \mathscr{E}^I.$$

一个柱集可以有不同的表示, 但由分布族的相容性, 上述定义不会产生歧义. 例如 $\phi_{(t_1,t_2)}^{-1}(A_1 \times E) = \phi_{(t_1)}^{-1}(A_1)$, 但 $\mathscr{L}$ 的相容性推出 $\mu_{(t_1,t_2)}(A_1 \times E) = \mu_{(t_1)}(A_1)$. 因为 $\mathscr{E}_0^\mathsf{T}$ 是一个代数, 由测度扩张定理, 只要能证明 $\mathbb{P}$ 是 $\mathscr{E}_0^\mathsf{T}$ 上的一个预概率测度, 它便可以扩张到 $\mathscr{E}^\mathsf{T}$ 上成为一个概率测度, 而且由上面的定义容易看出在 $\mathbb{P}$ 下典则过程的有限维分布族恰是 $\mathscr{L}$.

容易验证 $\mathbb{P}$ 在 $(E^\mathsf{T}, \mathscr{E}_0^\mathsf{T})$ 上有下列性质:

(1) $\mathbb{P}(E^\mathsf{T}) = 1, \mathbb{P}(\emptyset) = 0$;

(2) 如果 $A \in \mathscr{E}_0^\mathsf{T}, \mathbb{P}(A^c) = 1 - \mathbb{P}(A)$;

*3.1 随机过程与无穷维空间上的概率测度* 53

(3) (有限可加性) 如果 $A, B \in \mathscr{E}_0^\mathsf{T}$ 且 $A \cap B = \varnothing$, 则

$$\mathbb{P}(A \cup B) = \mathbb{P}(A) + \mathbb{P}(B).$$

**练习 3.1.3** 验证性质 (3).

为了证明 $\mathbb{P}$ 可以扩张为 $\mathscr{E}^\mathsf{T}$ 上的测度, 我们还需验证 $\mathbb{P}$ 是在代数 $\mathscr{E}_\mathsf{T}^0$ 上有上连续性, 这等价于验证对任何一列单调下降且交为空集的柱集 $\{A_n\}$ 必有 $\mathbb{P}(A_n) \downarrow 0$. 假设不然, 存在 $\varepsilon > 0$ 使 $\mathbb{P}(A_n) > \varepsilon$. 对于柱集列, 我们总可以取一个时间列 $\{t_n\} \subset \mathsf{T}$ 及 $H_n \in \mathscr{E}^{k_n}$, 使得 $A_n = \phi_{(t_1, t_2, \cdots, t_{k_n})}^{-1}(H_n)$. 为了叙述简单, 我们设 $k_n = n$, 那么 $\mu_{(t_1, \cdots, t_n)}(H_n) = \mathbb{P}(A_n) > \varepsilon$.

**练习 3.1.4** 设有柱集 $A \in \mathscr{E}_\mathsf{T}^0$ 可以写成为 $A = \phi_I^{-1}(H)$, 其中 $I$ 是 $\mathsf{T}$ 的有限子集, $H \in \mathscr{E}^I$. 证明: 对于 $A$ 的子柱集 $B$, 存在有限子集 $\mathsf{T}$ 的包含 $I$ 的有限子集 $J$ 以及 $K \in \mathscr{E}^J$, 使得 $B = \phi_J^{-1}(K)$.

因 $E$ 从而 $E^n$ 是完备可分度量空间, 任何其上的有限测度都是正则的, 即有紧集 $K_n \subset H_n$, 使

$$\mu_{(t_1, \cdots, t_n)}(H_n \setminus K_n) < \frac{\varepsilon}{2^n},$$

再令 $B_n := \phi_{(t_1, \cdots, t_n)}^{-1}(K_n)$, 则

$$\mathbb{P}(A_n \setminus B_n) = \mu_{(t_1, \cdots, t_n)}(H_n - K_n) < \frac{\varepsilon}{2^n}.$$

记 $C_n := \bigcap_{k \leq n} B_k$, 那么

$$\mathbb{P}(A_n \setminus C_n) = \mathbb{P}\Big(\bigcup_{k \leq n}(A_n \setminus B_k)\Big)$$
$$\leq \mathbb{P}\Big(\bigcup_{k \leq n}(A_k \setminus B_k)\Big)$$
$$\leq \sum_{k \leq n} \mathbb{P}(A_k \setminus B_k) < \varepsilon.$$

故 $\mathbb{P}(C_n) > \mathbb{P}(A_n) - \varepsilon > 0$, $C_n$ 自然是非空的, 取 $x^{(n)} \in C_n$. 因 $\{C_n\}$ 是单调下降的, 故对 $l \leq n$, $x^{(n)} \in C_l \subset B_l$, 即

$$(x^{(n)}(t_1), x^{(n)}(t_2), \cdots, x^{(n)}(t_l)) \in K_l.$$

由于 $K_l$ 紧, 任意固定 $l$, 点列 $\{x^{(n)}(t_l) : n \geq 1\}$ 有收敛子列, 由对角线法, 存在一个自然数子列 $\{n_i\}$, 使对任何 $l$, $\{x^{(n_i)}(t_l)\}_{i \geq 1}$ 收敛, 令 $x_l := \lim_i x^{(n_i)}(t_l)$. 取 $x \in E^\mathsf{T}$

使 $x(t_l) = x_l$，则 $(x(t_1),\cdots,x(t_l)) \in K_l$，因此对任何 $l \geq 1, x \in B_l \subset A_l$，故 $\bigcap_{l \geq 1} A_l$ 非空，这导致矛盾。 □

注意到在上面定理中 $E$ 要求是一个完备可分的度量空间，因为这时其上的任何概率测度是正则的。

**定理 3.1.3** (Ulam) 完备可分度量空间 $E$ 上的概率测度 $\mu$ 必定是正则的，即对任何 $B \in \mathscr{B}(E)$，有

$$\mu(B) = \sup\{\mu(K) : K \subset B, K \text{ 紧}\}. \tag{3.1.2}$$

证明。由定理 1.2.1，我们只需证明 $B = E$ 的时候对就可以了。由可分性，对任何 $n$，存在半径为 $1/n$ 的可列个球 $\{A_{n,k} : k \geq 1\}$ 覆盖 $E$，那么对任何 $n$ 有

$$\lim_{i \to \infty} \mu\left(\bigcup_{i \geq k \geq 1} A_{n,k}\right) = 1,$$

故存在 $i_n$ 使得

$$\mu\left(\bigcup_{k=1}^{i_n} A_{n,k}\right) > 1 - \varepsilon/2^n.$$

令 $A = \bigcap_{n \geq 1} \bigcup_{k=1}^{i_n} A_{n,k}$，那么 $A$ 是完全有界集且

$$\mu(A^c) \leq \sum_{n \geq 1} \mu\left(\bigcup_{k=1}^{i_n} A_{n,k}\right) < \varepsilon.$$

用 $K$ 表示 $A$ 的闭包，那么 $K$ 是紧集且 $\mu(K) \geq \mu(A) > 1 - \varepsilon$。 □

**练习 3.1.5** 对于 Borel 集 $B$ 证明 (3.1.2)。

**例 3.1.2** 最简单的随机过程是 Gauss 过程，Gauss 过程的有限维分布是正态分布，正态分布是由其期望和协方差矩阵决定的。设 $f$ 是 $\mathsf{T} \times \mathsf{T}$ 上的非负函数，即满足对任何 $n \geq 1, t_1 t_2, \cdots, t_n \in \mathsf{T}$，矩阵 $(f(t_i, t_j) : 1 \leq i, j \leq j)$ 是对称非负定的。这时让 $\mu_{(t_1,\cdots,t_n)}$ 是期望为零且以此为协方差矩阵的正态分布，容易验证它组成一个满足相容性条件的有限维分布族。 ∎

在连续时间场合，最重要的随机过程是独立增量过程。

**例 3.1.3** 对应于离散时间的独立随机变量列的和，连续时间时称为独立增量过程。设 $\mathsf{T} = [0, \infty), X = (X_t : t \geq 0)$ 是一个实值随机过程，如果对任何 $n \geq 1, 0 \leq t_1 < t_2 < \cdots < t_n$，随机过程的增量

$$X_{t_1}, X_{t_2} - X_{t_1}, \cdots, X_{t_n} - X_{t_{n-1}}$$

## 3.1 随机过程与无穷维空间上的概率测度

是独立的, 那么 $X$ 被称为是独立增量过程; 如果对任何 $t > s > 0$, $X_t - X_s$ 与 $X_{t-s} - X_0$ 同分布, 那么我们说 $X$ 是平稳增量过程; 如果 $X$ 既是平稳增量过程又是独立增量过程, 那么我们说 $X$ 是平稳独立增量过程. ∎

**练习 3.1.6** 证明: 如果 $X$ 是独立增量过程且增量 $X_t - X_s$ 的分布是 $\nu_{s,t}$, 那么 $(X_{t_1}, \cdots, X_{t_n})$ 的联合分布是

$$\mathbb{P}((X_{t_1}, \cdots, X_{t_n}) \in A) \\ = \int_E \mu(\mathrm{d}x) \int_A \nu_{0,t_1}(\mathrm{d}x_1 - x)\nu_{t_1,t_2}(\mathrm{d}x_2 - x_1) \cdots \nu_{t_{n-1},t_n}(\mathrm{d}x_n - x_{n-1}),$$

其中 $\mu$ 是 $X_0$ 的分布, 符号 $\nu(\mathrm{d}y - x)$ 是表示关于平移后的测度 $A \mapsto \nu(A - x)$ 的积分.

**练习 3.1.7** 证明: 一个鞅如果是 Gauss 过程, 那么它一定是独立增量的.

**练习 3.1.8** 设 $\{\nu_t : t \geq 0\}$ 是 $\mathbb{R}$ 上一族概率测度, 满足 $\nu_t * \nu_s = \nu_{t+s}$, 证明:

(1) 存在 Lévy 过程 $X$ 使得 $X_t - X_0$ 的分布是 $\nu_t$;

(2) 过程 $X$ 随机连续当且仅当对任何有界连续函数 $f$, 有

$$\lim_{t \downarrow 0} \nu_t(f) = f(0).$$

满足这两个条件的概率测度族 $(\nu_t)$ 被称为是卷积半群.

随机连续的平稳独立增量过程被称为是 Lévy 过程, 以纪念法国概率学者 Paul Lévy. 现在我们离 Brown 运动已经越来越近了, 因为 Brown 运动恰是热方程的基本解 (称为热核半群) 所对应的 Lévy 过程.

**练习 3.1.9** 设 $\mu$ 是 $\mathbb{R}^d$ 上一个概率测度, 定义

$$\nu_t = \mathrm{e}^{-t} \sum_{n=0}^{\infty} \frac{t^n \mu^{*n}}{n!}.$$

证明: $(\nu_t)$ 是一个卷积半群.

**练习 3.1.10** 设 $(E, \mathscr{E})$ 是一个可测空间, $p(x, \mathrm{d}y)$ 被称为 $E$ 上转移函数, 如果对任何 $x \in E$, $p(x, \cdot)$ 是 $(E, \mathscr{E})$ 上的概率测度, 而对任何 $A \in \mathscr{E}$, $p(\cdot, A)$ 是 $E$ 上可测函数. 设有转移函数族

$$\{p(t, x, \mathrm{d}y) : t > 0\}$$

满足对任何 $t, s > 0$, $A \in \mathscr{E}$, 有
$$p(t+s, x, A) = \int_E p(s, x, \mathrm{d}y) p(t, y, A).$$

固定概率测度 $\mu$, 对任何 $I = \{0 < t_1 < t_2 < \cdots < t_n\}$ 定义

$$\mu_I(\mathrm{d}x_1 \mathrm{d}x_2 \cdots \mathrm{d}x_n) \tag{3.1.3}$$
$$= \int_{x \in E} \mu(\mathrm{d}x) p(t_1, x, \mathrm{d}x_1) p(t_2 - t_1, x_1, \mathrm{d}x_2) \cdots p(t_n - t_{n-1}, x_{n-1}, \mathrm{d}x_n).$$

证明: $\{\mu_I : I \in \mathscr{I}_T\}$ 是 $E$ 上相容的有限维分布族.

## 3.2 热核半群与 Brown 运动

所谓 Brown 运动, 它是 18 世纪植物学家 Robert Brown 所观察到的粒子在液体表面的无规则运动的数学模型, 在这个模型建立的过程中, 天才的物理学家 A. Einstein 和控制理论的创始人 N. Wiener 的工作是本质性的. 本节的主要内容是证明 Brown 运动的存在性. Brown 运动是一个轨道连续的增量分布为正态分布的 Lévy 过程.

定义
$$p(t, x) := \frac{1}{(2\pi t)^{d/2}} \mathrm{e}^{-\frac{|x|^2}{2t}}; \quad x \in \mathbb{R}^d\ t > 0.$$

它是一族概率密度函数, 且对应的概率测度族 $\{p(t, x) \mathrm{d}x\}$ 是一个卷积半群, 称为热核半群, 因为 $p(t, x)$ 是热传导方程

$$\left( \frac{1}{2} \Delta - \frac{\partial}{\partial t} \right) u = 0 \tag{3.2.1}$$

的基本解 (基本解是指初值为 0 点的单点测度的解), 其中

$$\Delta = \sum_i \frac{\partial^2}{\partial x_i^2}$$

是 Laplace 算子.

设 $p(t, x, y) = p(t, x - y)$, 它是 $x$ 点出发的随机过程在时刻 $t$ 的位置的分布密度函数, 称为是转移概率密度. 对任何 $t > 0$ 定义

$$P_t f(x) = \int_{\mathbb{R}^d} f(y) p(t, x, y) \mathrm{d}y, \quad \forall f \in C_b(\mathbb{R}^d).$$

## 3.2 热核半群与 BROWN 运动

因为
$$p(t+s,x,y) = \int_{\mathbb{R}^d} p(t,x,z)p(s,z,y)\mathrm{d}z,$$

故 $(P_t)_{t\geq 0}$ 是 $C_b(\mathbb{R}^d)$ 上的半群. $(P_t)_{t\geq 0}$ 称为 $\mathbb{R}^d$ 上的热半群, 这是因为对任何 $f \in C_b^2(\mathbb{R}^d)$, $u(t,x) = (P_tf)(x)$ 是以下初值条件的热传导方程

$$\left(\frac{1}{2}\Delta - \frac{\partial}{\partial t}\right)u(t,x) = 0 \ ; \quad u(0,\cdot) = f \tag{3.2.2}$$

的解.

**练习 3.2.1** 验证 $u(t,x) = P_tf(x)$ 是方程 (3.2.2) 的解.

**定义 3.2.1** 概率空间 $(\Omega, \mathscr{F}, \mathbb{P})$ 上的取值于 $\mathbb{R}^d$ 的随机过程 $B = (B_t)_{t\geq 0}$ 被称为是 $\mathbb{R}^d$ 上的 Brown 运动, 如果

(1) $(B_t)_{t\geq 0}$ 的几乎所有样本轨道连续.

(2) $(B_t)_{t\geq 0}$ 具有独立增量: 对任何 $0 \leq t_1 < \cdots < t_n$, 随机变量

$$B_{t_1}, B_{t_2} - B_{t_1}, \cdots, B_{t_n} - B_{t_{n-1}}$$

是独立的;

(3) 对任何 $t > s \geq 0$, 随机向量 $B_t - B_s$ 的密度是 $p(t-s,x)$, 即服从期望零协方差为 $(t-s)I$ 的正态分布;

另外, 如果 $\mathbb{P}\{B_0 = x\} = 1$, $x \in \mathbb{R}^d$, 那么我们说 $(B_t)_{t\geq 0}$ 是从 $x$ 出发的 ($d$-维) Brown 运动. 特别地, 如果 $\mathbb{P}\{B_0 = 0\} = 1$, 其中 $0$ 是 $\mathbb{R}^d$ 的原点, 那么我们说 $(B_t)_{t\geq 0}$ 是 ($d$-维) 标准 Brown 运动.

**练习 3.2.2** 证明: $B = (B_t)$ 是标准 Brown 运动当且仅当它是连续过程且对任何 $0 \leq t_1 < t_2 < \cdots < t_n$, $(B_{t_1}, B_{t_2}, \cdots, B_{t_n})$ 的联合密度是

$$p(t_1, x_1)p(t_2 - t_1, x_2 - x_1) \cdots p(t_n - t_{n-1}, x_n - x_{n-1}). \tag{3.2.3}$$

当 $t_1 = 0$ 时, $p(0,x)$ 应该理解为 $0$ 点的单点测度, 即 $p(t,x)$ 当 $t \downarrow 0$ 的弱极限.

**练习 3.2.3** 设 $B_t = (B_t^1, \cdots, B_t^d)$ 是 $d$-维标准 Brown 运动, 那么对每个 $j$, $B_t^j$ 是标准 Brown 运动, 且 $(B_t^j)_{t\geq 0}$ ($j = 1, \cdots, d$) 相互独立. 因此 $d$-维标准 Brown 运动的坐标分量是 $d$ 个独立的 1-维 Brown 运动.

**例 3.2.1** 如果 $B = (B_t)_{t \geq 0}$ 是 $\mathbb{R}$ 上 Brown 运动, 那么对 $p \geq 0$,

$$\mathbb{E}|B_t - B_s|^p = c_p|t - s|^{p/2}, \quad s, t \geq 0, \tag{3.2.4}$$

其中

$$c_p = \frac{1}{\sqrt{2\pi}} \int_{\mathbb{R}} |x|^p \exp\left(-\frac{|x|^2}{2}\right) dx = \left(\frac{2^{p-1}}{\pi}\right)^{\frac{1}{2}} \Gamma\left(\frac{p+1}{2}\right).$$

**练习 3.2.4** 对任何 $\xi \in \mathbb{R}$, 证明:

$$\mathbb{E}\left(e^{-\xi(B_t - B_s)}\right) = \exp\left(\frac{1}{2}|\xi|^2(t-s)\right). \tag{3.2.5}$$

## 3.3 Brown 运动的构造

存在性是定义一个概念时必须要首先说明的. 首先介绍修正的概念, 两个同样概率空间, 同样状态空间和同样时间集上的随机过程 $\{X_t\}$ 和 $\{Y_t\}$ 称为互为修正, 如果对任何 $t$ 有 $X_t = Y_t$ a.s. 显然两个互为修正的随机过程有相同的有限维分布族.

**定理 3.3.1** (A. Einstein, N. Wiener) $\mathbb{R}^d$ 上存在有标准 Brown 运动.

**证明.** 我们设 $d = 1$, 对高维的证明是类似的. 首先, 我们应用 Kolmogorov 相容性定理构造一个概率空间 $(\Omega, \mathscr{F}, \mathbb{P})$ 及其上的随机过程过程 $X = (X_t)$, 使得它的有限维分布 (密度) 是由 (3.1.3) 给出. 容易验证 $(X_t)_{t \geq 0}$ 满足 Brown 运动定义中的条件 1,2. 最重要的是, 有下面的矩等式

$$\mathbb{E}|X_t - X_s|^{2n} = (2n-1)!!|t-s|^n. \tag{3.3.1}$$

因此我们需要修正随机过程 $\{X_t\}$ 使得它的样本轨道连续. 设

$$D = \{\frac{j}{2^n} : j \in \mathbb{Z}^+, n \in \mathbb{N}\}$$

为非负二分点全体. 显然 $D$ 是 $\mathbb{R}^+$ 的可数稠子集. 我们要证明除掉一个零概率集外, 所有轨道在 $D$ 上是局部一致连续的, 可以连续扩张.

对固定正整数 $N$, 应用 Chebyshev 不等式以及矩等式 (3.3.1) 中 $n = 2$ 的场合,

$$\mathbb{P}\left(\bigcup_{j=1}^{N2^n} \left\{\left|X_{\frac{j}{2^n}} - X_{\frac{j-1}{2^n}}\right| \geq \frac{1}{2^{n/8}}\right\}\right) \leq \sum_{j=1}^{N2^n} \mathbb{P}\left(\left|X_{\frac{j}{2^n}} - X_{\frac{j-1}{2^n}}\right| \geq \frac{1}{2^{n/8}}\right)$$

$$\leq N2^n \left(2^{n/8}\right)^4 \mathbb{E}\left|X_{\frac{1}{2^n}}\right|^4 = \frac{3N}{2^{n/2}},$$

## 3.3 BROWN 运动的构造

故由 Borel-Cantelli 引理推出

$$\mathbb{P}\left(\overline{\lim}_n \bigcup_{j=1}^{N2^n} \left\{ \left| X_{\frac{j}{2^n}} - X_{\frac{j-1}{2^n}} \right| \geq \frac{1}{2^{n/8}} \right\} \right) = 0,$$

因此, 如果记

$$\Omega_0 := \bigcap_{N=1}^{\infty} \varliminf_n \bigcap_{j=1}^{N2^n} \left\{ \omega : \left| X_{\frac{j}{2^n}}(\omega) - X_{\frac{j-1}{2^n}}(\omega) \right| < \frac{1}{2^{n/8}} \right\},$$

那么它是可测集且有

$$\mathbb{P}(\Omega_0^c) = \mathbb{P}\left(\bigcup_{N=1}^{\infty} \overline{\lim}_n \bigcup_{j=1}^{N2^n} \left\{ \left| X_{\frac{j}{2^n}} - X_{\frac{j-1}{2^n}} \right| \geq \frac{1}{2^{n/8}} \right\} \right) = 0.$$

因此, 若 $\omega \in \Omega_0$, 则对任何 $N$, 存在 $l$ 使得对任何 $n > l$ 与 $1 \leq j \leq N2^n$, 有

$$\left| X_{\frac{j}{2^n}}(\omega) - X_{\frac{j-1}{2^n}}(\omega) \right| < \frac{1}{2^{n/8}}.$$

因为是对固定的 $\omega$ 叙述的, 故问题可以转化成一个分析问题, 可以证明 (作为习题) 对任何 $\omega \in \Omega_0$, $\{X_t(\omega) : t \in D\}$ 在任何有界区间上一致连续, 它在 $[0, \infty)$ 上有唯一的连续扩张, 记为 $\{B_t(\omega) : t \geq 0\}$. 若 $\omega \notin \Omega_0$, 定义 $B_t(\omega) = 0$. 由定义, 因为 $\mathbb{P}(\Omega_0) = 1$, 故 $(B_t)_{t \geq 0}$ 是一个连续的随机过程, 且对任何 $t \geq 0$, 以及 $t_n \in D$, $t_n \to t$, 有 $X_{t_n}$ 几乎处处收敛于 $B_t$. 剩下的事情就是证明 $(B_t)_{t \geq 0}$ 是 $X$ 的修正, 这是因为

$$\mathbb{E}[(X_t - X_s)^2] = t - s,$$

故 $X_s$ 平方收敛于 $X_t$, 因此 $X_t$ 与 $B_t$ 几乎处处相等. □

Brown 运动的构造有许多不同的方法. 虽然是 Wiener 给出第一个完整的证明, 但他的证明不是我们在前面给出的那个. Wiener 原来的证明 (见 [15]) 是在空间 $C([0,1])$ 上构造一个非负线性泛函, 然后证明它是个测度, 后来称为 Wiener 测度. 下面我们给出 Wiener 与 Paley 一起提供的另外一个应用 Fourier 级数的构造, 它看上去也很有意思. 参考本章习题中的 (3.6.2) 式.

**练习 3.3.1** 设 $B = (B_t)$ 是完备概率空间 $(\Omega, \mathscr{F}, \mathbb{P})$ 上的 Brown 运动. $\mu$ 是 $\mathbb{P}$ 通过典则映射 $\Phi$ 推送到典则空间 $(\mathbb{R}^\mathsf{T}, \mathscr{B}^\mathsf{T})$ 上的像测度, $W$ 是 $\mathbb{R}^\mathsf{T}$ 中的连续映射全体. 证明:

1. $W \notin \mathscr{B}^{\mathsf{T}}$;

   提示: 证明 $A \in \mathscr{B}^{\mathsf{T}}$ 当且仅当存在 $\mathsf{T}$ 的可数子集 $S$ 使得当 $x, y \in \mathbb{R}^{\mathsf{T}}$ 且 $x|_S = y|_S$ 时, 有 $x, y \in A$ 或者 $x, y \in A^c$.

2. $\mu_*(W) = 0$, $\mu^*(W) = 1$, 其中 $\mu_*$ 与 $\mu^*$ 分别是内测度与外测度;

3. $\Phi^{-1}(W)$ 作为 $\Omega$ 的子集 (一般也未必可测) 的外测度与内测度都等于 1, 因此 $\Phi^{-1}(W) \in \mathscr{F}$.

即使 $W$ 不可测也没关系, 因为其外测度为 1, 我们可以把概率测度搬到 $W$ 上. 定义 $W$ 上事件域

$$\mathscr{B}(W) := \{W \cap A : A \in \mathscr{B}^{\mathsf{T}}\},$$

以及测度

$$\tilde{\mu}(W \cap A) := \mu(A),$$

那么 $(W, \mathscr{B}(W), \tilde{\mu})$ 是概率空间且其上的轨道过程与 $\mathbb{R}^{\mathsf{T}}$ 上的轨道过程等价.

**练习 3.3.2** 证明: $\tilde{\mu}$ 是良定义的, 也就是说如果 $W \cap A = W \cap B$, 那么 $\mu(A) = \mu(B)$. 再证明 $(W, \mathscr{B}(W), \tilde{\mu})$ 上的轨道过程与 $\mathbb{R}^{\mathsf{T}}$ 上的轨道过程等价.

## 3.4 Brown 运动的性质

设 $B = (B_t)_{t \geq 0}$ 是完备概率空间上关于流 $(\mathscr{F}_t)$ 的 $d$- 维标准 Brown 运动, 其自然流加入所有零概率集后的流记为 $(\mathscr{F}_t)$.

### 3.4.1 变换

下面是 Brown 运动的分形性质.

**引理 3.4.1** 对任何实数 $\lambda \neq 0$,

$$M_t := \lambda B_{t/\lambda^2}$$

是 $\mathbb{R}^d$ 上标准 Brown 运动.

此结论可由 Brown 运动的定义直接推出. 特别地, $(-B_t)_{t \geq 0}$ 也是标准 Brown 运动. 下面是 Brown 运动的旋转不变性.

## 3.4 BROWN 运动的性质

**引理 3.4.2** 若 $U$ 是 $d \times d$ 正交矩阵，那么 $UB = (UB_t)_{t \geq 0}$ 是 $\mathbb{R}^d$ 上标准 Brown 运动. 也就是说，Brown 运动在正交变换下是不变的.

为了证明下面一个性质，介绍 Brown 的另外一个刻画. 设 $B = (B_t)_{t \geq 0}$ 是 $\mathbb{R}$ 上标准 Brown 运动，那么 $B$ 是中心化 Gauss 过程，其协方差函数为 $C(s,t) = s \wedge t$. 事实上，首先 $B$ 的任何有限维分布都是 Gauss 分布，且 $\mathbb{E}B_t = 0$，故 $B$ 是中心化 Gauss 过程，算其协方差函数，对 $s < t$,

$$\begin{aligned}
\mathbb{E}[B_t B_s] &= \mathbb{E}[(B_t - B_s)B_s + B_s^2] \\
&= \mathbb{E}[(B_t - B_s)B_s] + \mathbb{E}[B_s^2] \\
&= \mathbb{E}[B_t - B_s]\mathbb{E}[B_s] + \mathbb{E}[B_s^2] = s \,.
\end{aligned}$$

反过来也不难验证，留作习题.

**引理 3.4.3** 一个连续的中心化 Gauss 过程 $(X_t : t \geq 0)$，具有协方差函数

$$\mathbb{E}[X_s X_t] = t \wedge s, \ s, t \geq 0,$$

当且仅当它是标准 Brown 运动.

下面是 Brown 运动的时间逆转不变性.

**定理 3.4.1** 如下定义的过程

$$X_0 = 0, \quad X_t = tB_{1/t}, \ t > 0$$

是 $\mathbb{R}$ 上标准 Brown 运动.

**证明.** 显然 $X_t$ 是中心化 Gauss 过程且其协方差函数为

$$\begin{aligned}
\mathbb{E}(X_t X_s) &= ts\mathbb{E}\left(B_{1/t} B_{1/s}\right) \\
&= ts\left(\frac{1}{t} \wedge \frac{1}{s}\right) = s \wedge t.
\end{aligned}$$

与 Brown 运动一致，所以我们只需证明 $(X_t)$ 连续就可以了，这里的关键就是证明 $X$ 在 $t = 0$ 时连续，即 $\lim_{t \downarrow 0} tB_{1/t} = 0$ a.s. 见习题. □

### 3.4.2 Markov 性

现在我们证明 Brown 运动有 Markov 性. 标准 Brown 运动 $B = (B_t)$ 与 Laplace 算子 $\Delta$ (因此调和分析) 的联系由下列恒等式体现出来:

$$(P_t f)(x) = \mathbb{E}\left(f(B_t + x)\right)$$
$$= \frac{1}{(2\pi t)^{d/2}} \int_{\mathbb{R}^d} f(y) e^{-\frac{|y-x|^2}{2t}} \, dy.$$

本节中, 我们用 $(\mathscr{F}_t^0)_{t \geq 0}$ 表示标准 Brown 运动 $(B_t)_{t \geq 0}$ 生成的流, 且令

$$\mathscr{F}_\infty^0 = \sigma\left(\bigcup_{t \geq 0} \mathscr{F}_t^0\right).$$

因为对任何 $0 \leq t_1 < \cdots < t_n$, $B_{t_1}, B_{t_2} - B_{t_1}, \cdots, B_{t_n} - B_{t_{n-1}}$ 生成的 $\sigma$- 代数等同于 $B_{t_1}, B_{t_2}, \cdots, B_{t_n}$ 生成的 $\sigma$- 代数, 故由单调类定理推出下面的引理, 它是独立增量性质的等价表述.

**引理 3.4.4** 对任何 $t > s \geq 0$, 增量 $B_t - B_s$ 独立于 $\mathscr{F}_s^0$.

下面是 Brown 运动的 Markov 性.

**定理 3.4.2** 设 $t, s > 0$, 且 $f$ 是有界 Borel 可测函数. 那么

$$\mathbb{E}\left\{f(B_{t+s}) | \mathscr{F}_s^0\right\} = P_t f(B_s) \quad \text{a.s.,} \tag{3.4.1}$$

其中 $(P_t)_{t>0}$ 是热核半群. 特别地

$$\mathbb{E}\left\{f(B_{t+s}) | \mathscr{F}_s^0\right\} = \mathbb{E}\left\{f(B_{t+s}) | B_s\right\}$$

成立.

证明. 因为 $B_{t+s} - B_s$ 独立于 $\mathscr{F}_s^0$, 其密度是 $p(t, x)$, 而 $B_s$ 是 $\mathscr{F}_s^0$ 可测的, 故有

$$\mathbb{E}(f(B_{t+s}) | \mathscr{F}_s^0) = \mathbb{E}(f(B_{t+s} - B_s + B_s) | \mathscr{F}_s^0)$$
$$= \mathbb{E}(f(B_{t+s} - B_s + x))|_{x=B_s}$$
$$= \int f(y + x) p(t, y) dy|_{x=B_s}$$
$$= P_t f(B_s).$$

在 (3.4.1) 式两边对 $B_s$ 取条件期望即得到下一个等式. □

### 3.4.3 反射原理

反射原理是远比 Markov 性质更为经典的一个概念. 我们将应用这个原理来计算 Brown 运动的极大游程的分布. 在许多应用实例中, 特别在统计中, 我们需要估计随机过程的极大游程的分布. 对于 Brown 运动 $B = (B_t)_{t \geq 0}$ 来说, 极大游程 $\sup_{s \in [0,t]} B_s$ 的分布可以由反射原理的方法来导出. 设 $B = (B_t)$ 是标准 Brown 运动. 固定一个时间 $t > 0$, 让 Brown 运动在时间 $s$ 之后依 $B_s$ 反射, 即令

$$B'_t = \begin{cases} B_t, & t \leq s, \\ 2B_s - B_t, & t > s, \end{cases}$$

那么 $B' = (B'_t)$ 仍然是连续的, 仍然是中心化 Gauss 过程且 $\mathbb{E}[B'_u B'_v] = u \wedge v$. 因此 $B'$ 也是标准 Brown 运动. 这个性质称为反射原理, 它对于停时也是成立的. 见习题.

练习 **3.4.1** 验证 $\mathbb{E}[B'_u B'_v] = u \wedge v$.

反射原理当 $s$ 是停时时也成立. 设 $b > 0$ 与 $b > a$, 并设

$$\tau_b = \inf\{t > 0 : B_t = b\},$$

那么 $\tau_b$ 是停时, 定义 $\tau_b$ 处的反射

$$B'_t = \begin{cases} B_t, & t \leq \tau_b, \\ 2b - B_t, & t > \tau_b, \end{cases}$$

那么 $B' = (B'_t)$ 也是标准 Brown 运动. 因此

$$\mathbb{P}\left\{\sup_{s \in [0,t]} B_s \geq b, B_t \leq a\right\} = \mathbb{P}\left\{\sup_{s \in [0,t]} B'_s \geq b, B'_t \leq a\right\}$$

$$= \mathbb{P}(\sup_{s \in [0,t]} B_s \geq b, B_t \geq 2b - a\}$$

$$= \mathbb{P}(B_t \geq 2b - a),$$

其中第一个等式直观上是说 Brown 运动在 $\tau_b$ 之后开始算实际上是一个从 $b$ 出发的 Brown 运动, 所以它关于 $y = b$ 是对称的, 就如同标准 Brown 运动关于原点对称. 第二个等式就是这对称性的推论. 也就是所谓的反射原理. 上面的方程可以写成为

$$\mathbb{P}\{\tau_b \leq t, B_t \leq u\} = \mathbb{P}\{\tau_b \leq t, B_t \geq 2b - a\} \tag{3.4.2}$$

$$= \mathbb{P}\{B_t \geq 2b - a\},$$

关于反射原理的严格证明要用到 Brown 运动的强 Markov 性.

由反射原理 (3.4.2) 可得

$$\mathbb{P}\left\{\sup_{s\in[0,t]} B_s \geq b, B_t \leq a\right\} = \frac{1}{\sqrt{2\pi t}} \int_{2b-a}^{+\infty} e^{-\frac{x^2}{2t}} dt,$$

它给出了 Brown 运动与其极大游程的联合分布.

特别地, 当 $a = b > 0$ 时, 有

$$\mathbb{P}(\tau_b \leq t) = 2\mathbb{P}(B_t > b) = 2\mathbb{P}(B_1 > \frac{b}{\sqrt{t}})$$

$$= \frac{2}{\sqrt{2\pi}} \int_{b/\sqrt{t}}^{+\infty} \exp\left(-\frac{x^2}{2}\right) dx,$$

它的密度函数为

$$p(t) = \frac{b}{\sqrt{2\pi t^3}} \exp\left(-\frac{b^2}{2t}\right).$$

**练习 3.4.2** 证明: 当 $b \neq 0$ 时

$$\mathbb{E}\left(e^{-s\tau_b}\right) = e^{-\sqrt{2s}|b|}.$$

公式 $\mathbb{P}(\tau_b < \infty) = 1$ 意味着 Brown 运动肯定可以在有限时间内命中任何一点 $b$, 这在直观上是显然的, 因为它的轨道连续而且会在 $-\infty$ 到 $+\infty$ 之间震荡. 但是这个性质与维数有关, 2-维以上的 Brown 运动就不大可能还可以命中一个给定的点. 确切地说, 如果 $B$ 是 $d$-维 Brown 运动, $d \geq 2$, $x \in \mathbb{R}^d$, 那么

$$\mathbb{P}(\tau_x < \infty) = 0, \qquad (3.4.3)$$

其中 $\tau_x$ 是 $\{x\}$ 的首中时. 这时我们说, 对于多维 Brown 运动, 单点是极集. 这是 1-维与多维之间的巨大区别.

上面的计算依赖于 $b > 0$. 零点的首中时 $\tau = \tau_0$ 又会怎么样呢?

**练习 3.4.3** 对于每个连续轨道的样本 $\omega$, 证明: $b \mapsto \tau_b(\omega)$ 是左连续的.

这个练习说明不能用让 $b$ 趋于零的方法来解决问题. 我们需要应用另外一个技巧, 对 $t > 0$, 令

$$\tau^t := \inf\{s > t : B_s = 0\} = t + \inf\{s > 0 : B_{s+t} = 0\},$$

*3.4 BROWN 运动的性质*

即时间 $t$ 之后首次命中 0 的那个时刻. 显然 $\tau^t \downarrow \tau$. 因为 $X = (B_{s+t} - B_t : s > 0)$ 是独立于 $B_t$ 的标准 Brown 运动, 故 $\tau^t$ 等于 $t$ 加上 $X$ 首中 $-B_t$ 的时间, 也就是说,

$$\mathbb{E}[e^{-s\tau^t}] = e^{-st}\mathbb{E}\left(e^{-\sqrt{2s}|B_t|}\right).$$

让 $t$ 趋于零推出 $\mathbb{E}[e^{-s\tau}] = 1$, 即 $\mathbb{P}(\tau = 0) = 1$.

**练习 3.4.4** (*)Brown 运动几乎每条样本轨道的零点集合是 Lebesgue 测度为零的无孤立点的闭集.

### 3.4.4 鞅性质

下面考虑鞅性.

**定理 3.4.3** (1) 一维 Brown 运动 $(B_t)_{t\geq 0}$ 是连续平方可积鞅;

(2) 对于 $d$- 维 Brown 运动 $(B_t^{(i)} : 1 \leq i \leq d)$, $M_t = B_t^{(i)}B_t^{(j)} - \delta_{ij}t$ 是连续鞅.

**证明.** 第一部分以前证明过. 当 $t > s$ 时, 因为 $B_t - B_s$ 独立于 $\mathscr{F}_s$, 所以我们有

$$\mathbb{E}(B_t - B_s|\mathscr{F}_s) = \mathbb{E}(B_t - B_s) = 0,$$

那么

$$\mathbb{E}(B_t|\mathscr{F}_s) = \mathbb{E}(B_s|\mathscr{F}_s) = B_s,$$

也就是说, $(B_t)_{t\geq 0}$ 是连续鞅.

(2) 这里只考虑 $i = j$, 显然我们只需对一维 Brown 运动证明. 这种情形下,

$$\begin{aligned}\mathbb{E}(B_t^2 - B_s^2|\mathscr{F}_s) &= \mathbb{E}((B_t - B_s)^2|\mathscr{F}_s) + \mathbb{E}(2B_s(B_t - B_s)|\mathscr{F}_s)\\ &= \mathbb{E}((B_t - B_s)^2) + 2B_s\mathbb{E}((B_t - B_s)|\mathscr{F}_s)\\ &= \mathbb{E}(B_t - B_s)^2\\ &= t - s,\end{aligned}$$

故而

$$\begin{aligned}\mathbb{E}(B_t^2 - t|\mathscr{F}_s) &= \mathbb{E}(B_s^2 - s|\mathscr{F}_s)\\ &= B_s^2 - s.\end{aligned}$$

这已经证明了 $B_t^2 - t$ 是一个鞅. 情形 $i \neq j$ 留给读者. □

下面定理用特征函数唯一性的角度来看是显然的.

**定理 3.4.4** Euclid 空间 $\mathbb{R}^d$ 上从 0 点出发适应于某个流 $(\mathscr{F}_t)$ 的连续随机过程 $B = (B_t)$ 是标准 Brown 运动当且仅当对任何 $\xi \in \mathbb{R}$ 与 $t > s$

$$\mathbb{E}\left\{\exp\left(\mathrm{i}\langle \xi, B_t - B_s\rangle\right)|\mathscr{F}_s\right\} = \exp\left(-\frac{(t-s)|\xi|^2}{2}\right). \tag{3.4.4}$$

**推论 3.4.1** 设 $(B_t)$ 是 $\mathbb{R}^d$ 上标准 Brown 运动. 如果 $\xi \in \mathbb{R}^d$, 那么

$$M_t \equiv \exp\left(\mathrm{i}\langle \xi, B_t\rangle + \frac{|\xi|^2}{2}t\right)$$

是鞅.

**注释 3.4.1.** 注意到 (3.4.4) 的两边都是 $\xi$ 的解析函数, 故等式对任何复值 $\xi$ 也成立. 特别地, 用 $-\mathrm{i}\xi$ 代替 $\xi$, 我们得

$$\mathbb{E}\left\{\exp\left(\langle \xi, B_t - B_s\rangle\right)|\mathscr{F}_s\right\} = \exp\left(\frac{(t-s)|\xi|^2}{2}\right).$$

因此对任何向量 $\xi$,

$$\exp\left(\langle \xi, B_t\rangle - \frac{|\xi|^2}{2}t\right)$$

是一个连续鞅. 这个结论也可以推广到 $\mathbb{R}^d$ 上的向量场 $\xi = (\xi(t))$, 由此得到的等式被称为 Cameron-Martin 公式.

让我们利用 Brown 运动的鞅性质以及 Doob 定理来解决一些问题.

**例 3.4.1** 设 $B = (B_t)$ 是 1-维标准 Brown 运动. 对 $a > 0$, 定义 $\tau_a$ 是 $B$ 到点 $a$ 的首中时, 那么它是停时, 前面用反射原理证明了 Brown 运动一定会到达 $a$, 即

$$\mathbb{P}(\tau_a < \infty) = 1.$$

我们也可以用鞅方法来解答这个问题. 更一般地, 我们问 Brown 运动会肯定碰到一条斜的直线 $x = kt - a$ 吗? 令 $\tau$ 是 Brown 运动 $B$ 首次碰到这条直线的时间, 即

$$\tau = \inf\{t > 0 : B_t = kt - a\}.$$

这也可以说是漂移 Brown 运动 $(B_t - kt)$ 首次碰到 $-a$ 的时间, 求 $\mathbb{P}(\tau < \infty)$. 不妨设 $a > 0$, 当 $k = 0$ 时, $\tau = \tau_{-a}$. 直观看, 当 $k > 0$ 时, $\mathbb{P}(\tau < \infty) = 1$, 而当 $k < 0$ 时未必.

## 3.4 BROWN 运动的性质

由指数鞅性质, 对任何实数 $z$,

$$\exp\left(zB_t - \frac{z^2}{2}t\right), \; t \geq 0$$

是鞅. 由 Doob 定理,

$$\mathbb{E}\left[\exp\left(zB_{t \wedge \tau} - \frac{z^2}{2}(t \wedge \tau)\right)\right] = 1. \tag{3.4.5}$$

让 $t$ 趋于无穷, 问题的关键是极限与期望是否可以交换. 当 $z < 0$ 时,

$$zB_{t \wedge \tau} - \frac{z^2}{2}(t \wedge \tau) \leq z(k(t \wedge \tau) - a) - \frac{z^2}{2}(t \wedge \tau)$$
$$= (zk - \frac{z^2}{2})(t \wedge \tau) - za.$$

因此要保证 (3.4.5) 式中的指数关于 $t, \omega$ 有界, 必须 $zk - z^2/2 \leq 0$. 需分两种情况, 一种是 $k \geq 0$, 这时只要 $z < 0$; 另外一种情况是 $k < 0$, 这时只要 $z < 2k$. 无论哪种情况, 都可以应用有界收敛定理,

$$\mathbb{E}\left[\exp\left(zB_\tau - \frac{z^2}{2}\tau\right); \tau < \infty\right] = 1.$$

这时 $B_\tau = k\tau - a$, 因此

$$\mathbb{E}\left[e^{(zk - \frac{z^2}{2})\tau}; \tau < \infty\right] = e^{za}.$$

在第一种情况下, 可以让 $z \uparrow 0$, 得 $\mathbb{P}(\tau < \infty) = 1$; 在第二种情况下, 让 $z \uparrow 2k$, 得

$$\mathbb{P}(\tau < \infty) = e^{2ka} < 1.$$

在第一种 $k \geq 0$ 情况下, 我们可以算出 $\tau$ 的 Laplace 变换, 因为

$$\mathbb{E}\left[e^{(zk - \frac{z^2}{2})\tau}\right] = e^{za},$$

令 $-s = zk - z^2/2, s > 0$, 得 $z = k - \sqrt{k^2 + 2s} < 0$, 因此

$$\mathbb{E}[e^{-s\tau}] = e^{a(k - \sqrt{k^2 + 2s})}. \tag{3.4.6}$$

如果用 $\tau_a$ 表示上面的 $\tau$, 那么 $(\tau_a : a \geq 0)$ 是一个平稳独立增量过程, 称为相对稳定过程. ∎

**例 3.4.2** 设 $a<0<b$, $\tau_a, \tau_b$ 分别是原点出发的 Brown 运动首次碰到 $a,b$ 的时间. 用鞅方法来求 $\mathbb{P}(\tau_a<\tau_b)$, $\mathbb{E}[\tau]$ 以及 $\tau$ 的 Laplace 变换, 其中 $\tau=\tau_a\wedge\tau_b$. 由鞅的期望不变性, 对任何 $t>0$,

$$\mathbb{E} B_{\tau\wedge t}=0.$$

当 $t\to\infty$ 时, $a\le B_{\tau\wedge t}\le b$, 因此由控制收敛定理得 $\mathbb{E} B_\tau=0$. 而

$$B_\tau=a1_{\{\tau_a<\tau_b\}}+b1_{\{\tau_b<\tau_a\}},$$

因此 $a\mathbb{P}(\tau_a<\tau_b)+b\mathbb{P}(\tau_b<\tau_a)=0$, 即

$$\mathbb{P}(\tau_a<\tau_b)=\frac{b}{b-a}.$$

要算 $\mathbb{E}\tau$, 需要用鞅 $(B_t^2-t)$, 还是由期望不变性,

$$\mathbb{E}[B_{\tau\wedge t}^2]=\mathbb{E}[\tau\wedge t].$$

然后让 $t\to\infty$, 左边应用控制收敛定理右边应用单调收敛定理得

$$\mathbb{E}[\tau]=\mathbb{E} B_\tau^2=a^2\mathbb{P}(\tau_a<\tau_b)+b^2\mathbb{P}(\tau_a>\tau_b)=-ab.$$

类似地, 要算 $\tau$ 的 Laplace 变换, 应该用指数鞅 $(\exp(\lambda B_t-\lambda^2 t/2))$. 由期望不变性和控制收敛定理得

$$\mathbb{E}\left[\exp(\lambda B_\tau-\lambda^2\tau/2)\right]=1, \tag{3.4.7}$$

因此

$$e^{\lambda a}\mathbb{E}\left[e^{-\lambda^2\tau/2};\tau_a<\tau_b\right]+e^{\lambda b}\mathbb{E}\left[e^{-\lambda^2\tau/2};\tau_a>\tau_b\right]=1. \tag{3.4.8}$$

这还不足以算出 $\mathbb{E}\left[e^{-\lambda^2\tau/2}\right]$. 再考虑指数鞅 $(\exp(-\lambda B_t-\lambda^2 t/2))$, 类似地得

$$\mathbb{E}\left(\exp(-\lambda B_\tau-\lambda^2\tau/2)\right)=1 \tag{3.4.9}$$

和

$$e^{-\lambda a}\mathbb{E}\left[e^{-\lambda^2\tau/2};\tau_a<\tau_b\right]+e^{-\lambda b}\mathbb{E}\left[e^{-\lambda^2\tau/2};\tau_a>\tau_b\right]=1. \tag{3.4.10}$$

从上面两个方程推出

$$\mathbb{E}\left[e^{-\lambda^2\tau/2}\right]=\frac{\sinh(\lambda a)-\sinh(\lambda b)}{\sinh(\lambda(a-b))}, \tag{3.4.11}$$

其中 $\sinh x=(e^x-e^{-x})/2$. 由此立刻得到 $\tau$ 的 Laplace 变换.

Brown 运动是 Lévy 过程的基本例子, Lévy 过程是 Euclid 空间上的右连续平稳独立增量过程, (3.4.4) 式是关于 Brown 运动的 Lévy-Khinchin 公式. 一般地, 如果 $(X_t)$ 是一个 $d$- 维 Lévy 过程, 那么对 $t > s$ 与 $\xi \in \mathbb{R}^d$,

$$\mathbb{E}\left\{\exp\left(\mathrm{i}\langle \xi, X_t - X_s\rangle\right)|\mathscr{F}_s\right\} = \exp\left(\psi(\xi)(t-s)\right)$$

其中 $\psi$ 是连续复值函数, 被称为 Lévy 指数, 它唯一地决定 Lévy 过程. Lévy 指数有下面的表达式, 称为 Lévy-Khinchin 公式:

$$\begin{aligned}\psi(\xi) = &-\frac{1}{2}\langle S\xi, \xi\rangle + \mathrm{i}\langle b, \xi\rangle \\ &+ \int_{\mathbb{R}^d\setminus\{0\}}\left(\mathrm{e}^{\mathrm{i}\langle \xi, x\rangle} - 1 - \mathrm{i}\langle \xi, x\rangle 1_{\{|x|<1\}}\right)\nu(\mathrm{d}x),\end{aligned} \quad (3.4.12)$$

这里 $S$ 是一个 $d\times d$ 对称非负定矩阵, $b \in \mathbb{R}^d$, 而 $\nu$ 是 $\mathbb{R}^d$ 上负荷在原点外的 $\sigma$- 有限测度, 称为 $X$ 的 Lévy 测度, 它满足下列可积条件:

$$\int_{\mathbb{R}^d\setminus\{0\}}(|x|^2 \wedge 1)\nu(\mathrm{d}x) < +\infty. \quad (3.4.13)$$

## 3.5 Brown 运动的变差

设 $f$ 是 $[0,t]$ 上的函数, $p > 0$, 对于一个分划

$$D = \{0 = t_0 < t_1 < \cdots < t_n = t\},$$

定义 $f$ 在 $D$ 上的 $p$-变差为

$$V_D^{(p)}f := \sum_D |f(t_i) - f(t_{i-1})|^p.$$

1-变差就是通常的变差, 2-变差称为二次变差. 定义 $f$ 的全变差为

$$Vf := \sup_D V_D^{(1)}f.$$

当 $Vf < +\infty$ 时, 称 $f$ 是有界变差的.

**引理 3.5.1** 如果 $f$ 是 $[0,t]$ 上连续的有界变差函数, 那么

$$\lim_{D\to 0} V_D^{(2)}f = 0,$$

其中 $D \to 0$ 的意思是 $|D| = \max|t_i - t_{i-1}|$ 趋于零.

这就是说, 如果 $\lim_{D\to 0} V_D^{(2)} f > 0$, 那么 $f$ 不是有界变差的. 现在 $B$ 是连续的,

$$V_D^{(2)} B = \sum_{l=1}^{n} |B_{t_l} - B_{t_{l-1}}|^2,$$

是 Brown 运动在分划 $D$ 上的二次变差, 它是非负随机变量. 为了方便, 下面简单写成 $V_D$.

**引理 3.5.2** $\mathbb{E} V_D = t$, 且 $V_D$ 的方差为

$$\mathbb{E}\left\{(V_D - \mathbb{E} V_D)^2\right\} = 2 \sum_{l=1}^{n} (t_l - t_{l-1})^2.$$

**证明.** 事实上

$$\mathbb{E} V_D = \sum_{l=1}^{n} \mathbb{E} |B_{t_l} - B_{t_{l-1}}|^2 = \sum_{l=1}^{n} (t_l - t_{l-1}) = t.$$

为证明第二个公式, 我们如下计算

$$\mathbb{E}\left\{(V_D - \mathbb{E} V_D)^2\right\} = \mathbb{E}\left\{\left(\sum_{l=1}^{n} |B_{t_l} - B_{t_{l-1}}|^2 - t\right)^2\right\}$$

$$= \mathbb{E}\left\{\left(\sum_{l=1}^{n} \left(|B_{t_l} - B_{t_{l-1}}|^2 - (t_l - t_{l-1})\right)\right)^2\right\}$$

$$= \sum_{l=1}^{n} \mathbb{E}\left\{\left(|B_{t_l} - B_{t_{l-1}}|^2 - (t_l - t_{l-1})\right)^2\right\}$$

$$= \sum_{l=1}^{n} \mathbb{E}\left\{|B_{t_l} - B_{t_{l-1}}|^4 - 2(t_l - t_{l-1})|B_{t_l} - B_{t_{l-1}}|^2 + (t_l - t_{l-1})^2\right\}$$

$$= \sum_{l=1}^{n} \left\{\mathbb{E} |B_{t_l} - B_{t_{l-1}}|^4 - 2(t_l - t_{l-1}) \mathbb{E} |B_{t_l} - B_{t_{l-1}}|^2 + (t_l - t_{l-1})^2\right\}$$

$$= 2 \sum_{l=1}^{n} (t_l - t_{l-1})^2,$$

其中第三个等式是由于独立增量性质. □

**定理 3.5.1** 设 $B = (B_t)_{t \geq 0}$ 是一维标准 Brown 运动. 那么对任何 $t > 0$, 在 $L^2$ 意义下,

$$\lim_{|D| \to 0} V_D = t,$$

其中 $D$ 是区间 $[0, t]$ 上的分划.

证明. 基于前面的引理, 当 $|D| \to 0$ 时, 我们有

$$\mathbb{E}|V_D - t|^2 = \mathbb{E}|V_D - \mathbb{E}(V_D)|^2$$
$$= 2\sum_{l=1}^{n}(t_l - t_{l-1})^2 \leq 2t|D| \longrightarrow 0.$$

□

上面的收敛是依概率收敛. 但若定理中的分划是单调的话, 上面的收敛可以变成是几乎处处的. 无论如何, 存在一个子列是几乎处处收敛, 由引理 3.5.1 推出布朗运动的几乎所有轨道都不可能是有界变差的.

**练习 3.5.1** 对任何 $a > 1/2$, 证明: Brown 运动几乎所有轨道在任何有限区间上不是 $a$-阶 Hölder 连续的.

**练习 3.5.2** 证明: Brown 运动的几乎所有轨道处处不可导. 提示: 考虑区间 $[0,1]$, 其上连续函数 $f$ 在某一点可导蕴含着存在常数 $c > 0$, 当 $n$ 充分大时, 存在 $1 \leq j \leq n-3$, 使得对于 $k = j, j+1, j+2$ 有

$$\left| f(\frac{k+1}{n}) - f(\frac{k}{n}) \right| \leq \frac{c}{n}.$$

## 3.6 习题与解答

1. 如果过程 $X, X'$ 是右连续的 (或左连续), 那么它们互为修正蕴含着它们是不可区分的.

2. 证明: 若 $A \in \mathscr{E}^\mathsf{T}$, 则存在 $\mathsf{T}$ 的可列子集 $K$ 使得

$$A \in \sigma(Z_t : t \in K).$$

3. 说 $\mathscr{E}^\mathsf{T}$ 的一个子集 $A$ 是可列决定的, 如果存在一个可列集 $S \subset \mathsf{T}$, 使得若 $x$ 与 $y$ 在 $S$ 上相等, 则 $x \in A$ 当且仅当 $y \in A$. 证明:

   (a) $\mathscr{E}^\mathsf{T}$ 中的集合是可列决定的.

   (b) 如果 $E$ 是多于一个点的度量空间, 那么 $\mathsf{T}$ 到 $E$ 的连续轨道全体不在 $\mathscr{E}^\mathsf{T}$ 中.

4. $X = (X_t : t \in \mathsf{T})$ 是实值右连续随机过程. 证明 $\sup_{t \in [a,b]} X_t$ 是 (广义实值) 随机变量. 对 $x = (x(t)) \in \mathbb{R}^{[0,1]}$, 定义

$$f(x) = \sup_{t \in [0,1]} \{x(t)\}.$$

证明: $f$ 作为 $\mathbb{R}^{[0,1]}$ 上的函数关于 $\mathscr{B}(\mathbb{R})^{[0,1]}$ 不可测.

5. 设 $\alpha > 0$ 且 $f$ 是 $D$ 上的函数满足对任何 $N$, 存在 $u$, 使得对任何 $n \geq u$ 与 $1 \leq j \leq N2^n$ 有

$$\left| f(\frac{j}{2^n}) - f(\frac{j-1}{2^n}) \right| \leq \left( \frac{1}{2^n} \right)^\alpha,$$

那么对任何 $N > 0$, 存在常数 $C_N$, 使得对任何 $s, t \in D \cap [0, N]$,

$$|f(s) - f(t)| \leq C_N |s - t|^\alpha,$$

即 $f$ 是 $\alpha$- 阶局部 Hölder 连续的.

提示: 对任何 $s, t \in D \cap [0, N]$ 且 $|t - s| < 2^{-u}$, 存在 $m \geq u$, 使得

$$2^{-m-1} \leq |t - s| < 2^{-m}.$$

设 $t$ 左边的 $2^{-m}$ 级分点为 $i2^{-m}$, 即 $i = \max\{j : j2^{-m} \leq t\}$, 那么 $t$ 可以表示为

$$t = i2^{-m} + 2^{-m(1)} + \cdots + 2^{-m(k)},$$

其中 $m < m(1) < \cdots < m(k)$. 由条件验证存在常数 $c_1$, 使得

$$|f(t) - f(i2^{-m})| \leq c_1 2^{-\alpha m}.$$

不妨设 $t > s$, 那么 $s$ 左边的 $2^{-m}$ 级分点是 $i2^{-m}$ 或者 $(i-1)2^{-m}$. 由此可以估算 $f(t)$ 与 $f(s)$ 的距离, 推出存在常数 $c_2$, 使得

$$|f(t) - f(s)| \leq c_2 \cdot 2^{-\alpha m} \leq c_2 \cdot (2|t - s|)^\alpha.$$

由此可以证明结论.

6. (Kolmogorov) 设 $T > 0$. 如果存在正常数 $\alpha, \beta, C$ 使得实值过程 $X$ 满足对任何 $t, h > 0, t, t + h \in [0, T]$, 有

$$\mathbb{E}|X_{t+h} - X_t|^\alpha \leq C \cdot h^{1+\beta}.$$

仿照 Brown 运动存在的证明方法证明: $X$ 有连续修正.

## 3.6 习题与解答

7. (*) 对任何 $\alpha \in (0,1]$, 证明:

   (a) 存在 Gauss 过程 $\{\xi_t : t \in \mathbb{R}\}$ 使得
   $$\mathbb{E}[|\xi_t - \xi_s|^2] = |t-s|^\alpha; \tag{3.6.1}$$

   (b) 过程有连续修正, 称为分数 Brown 运动.

8. 证明: 概率空间 $([0,1], \mathscr{B}([0,1]), \mathbb{P})$ 上不可能有不可数个非常数的独立随机变量, 其中 $\mathbb{P}$ 是 Lebesgue 测度.

9. 在后面几个问题中, 设 $B = (B_t)$ 是标准 Brown 运动. 设 $r < s < t$. 求 $\mathbb{E}^0(B_s | B_r, B_t)$.

10. (*) 一个 $\mathscr{F}$ 的子 $\sigma$-代数称为有 0-1 律, 如果它仅含有概率为 0 或 1 的集合. 问 Brown 运动的尾 $\sigma$ 域 $\bigcap_{t>0} \sigma(\{B_s : s \geq t\})$ 与初芽 $\sigma$ 域 $\bigcap_{t>0} \sigma(\{B_s : s \leq t\})$ 是否有 0-1 律?

11. 证明:
$$\mathbb{P}(\sup_{t>0} B_t = +\infty, \inf_{t>0} B_t = -\infty) = 1.$$

12. (*) 证明: 对任何 $t_n \downarrow 0$, 有
$$\mathbb{P}(\overline{\lim}_k \{B_{t_k} > 0\}, \overline{\lim}_k \{B_{t_k} < 0\}) = 1.$$

13. 设 $B = (B(t) : t \in \mathsf{T})$ 是 1-维标准 Brown 运动, 令
$$X_t := e^{-t} B(e^{2t}), \ t \in \mathbb{R}.$$

    证明: $X$ 是具有 Markov 性的中心化 Gauss 过程, 计算 $X$ 的协方差函数. 由此证明 $X$ 是平稳过程 (注意不是平稳增量过程), 即其有限维分布平移不变: 对任何 $t_1, \cdots, t_n, t > 0$, $(X_{t+t_1}, \cdots, X_{t+t_n})$ 与 $(X_{t_1}, \cdots, X_{t_n})$ 同分布. 过程 $X$ 称为是 Ornstein-Ulenbeck 过程.

14. 设 $B$ 是 $d$-维标准 Brown 运动,

    (a) 证明: 对任何 $x \in \mathbb{R}^d$, $\|x\| = 1$, $\langle x, B_t \rangle$ 是 1-维标准 Brown 运动;

(b) 对 $r > 0$，令 $T_r := \inf\{t : |B_t - B_0| \geq r\}$. 对 $x \in \mathbb{R}^d$，证明：$\mathbb{P}^x(T_r < \infty) = 1$;

(c) 证明分布 $\mathbb{P}^x(B_{T_r} \in \cdot)$ 是球面 $\{y : |y - x| = r\}$ 上均匀分布.

15. Brown 运动还可以用 Fourier 级数的方法产生 (Wiener). 设 $\{\xi_n : n \geq 0\}$ 是概率空间 $(\Omega, \mathscr{F}, \mathbb{P})$ 上的都服从标准正态分布的独立随机变量序列 (请说明其存在性). 函数

$$\{1/\sqrt{\pi}, \sqrt{2/\pi}\cos x, \cdots, \sqrt{2/\pi}\cos nx, \cdots\}$$

是 $L^2([0,\pi])$ 的标准正交基，依次记为 $\{e_n : n \geq 0\}$. 对任何 $f \in L^2([0,\pi])$，令

$$H(f) := a_0\xi_0 + a_1\xi_1 + a_2\xi_2 + \cdots,$$

其中 $\{a_n\}$ 是 $f$ 的 Fourier 系数：$a_n := \langle f, e_n \rangle$. 显然

$$\mathbb{E} H(f)^2 = \sum_{n \geq 0} a_n^2 = \int f^2(x)\mathrm{d}x,$$

即 $H$ 是 $L^2([0,\pi])$ 到 $L^2(\Omega, \mathscr{F}, \mathbb{P})$ 的一个等距嵌入. 对 $t \in [0,\pi]$，显然 $1_{[0,t]}$ 的 Fourier 级数为

$$1_{[0,t]}(x) = \frac{t}{\sqrt{\pi}} + \sqrt{\frac{2}{\pi}}\sum_{n \geq 1}\frac{\sin nt}{n}\cdot\cos nx.$$

证明：适当加括号后，

$$X_t := H(1_{[0,t]}) = t\xi_0 + \sum_{n \geq 0}\sum_{m=2^{n-1}}^{2^n-1}\frac{\sin mt}{m}\xi_m \tag{3.6.2}$$

在 $t \in [0,\pi]$ 以概率 1 一致收敛. 因此 $(X_t)$ 是连续过程，再证明它在 $[0,\pi]$ 上是 Brown 运动.

证明. 令

$$s_{m,n}(t) := \sum_m^{n-1}\frac{\sin kt}{k}\xi_k,\ t_{m,n} :=\max_{0 \leq t \leq \pi}|s_{m,n}(t)|.$$

用 Cauchy 不等式估计 $\mathbb{E}\left(t_{m,n}^2\right)$，其中还是有一些技巧值得学习，读者不妨自己先试试，我们的目的是证明

$$\sum \mathbb{E}\left(t_{2^{n-1},2^n}\right) < \infty.$$

## 3.6 习题与解答

参考 [11],

$$\mathbb{E}\left(t_{m,n}^2\right) \le \mathbb{E}\left\{\max_t \left|\sum_m^{n-1} \frac{\mathrm{e}^{\mathrm{i}kt}}{k}\xi_k\right|^2\right\}$$

$$\le \sum_m^{n-1}\frac{1}{k^2} + 2\mathbb{E}\left(\sum_{l=1}^{n-m-1}\left|\sum_{j=m}^{n-l-1}\frac{\xi_j\xi_{j+l}}{j(j+l)}\right|\right)$$

$$\le \sum_m^{n-1}\frac{1}{k^2} + 2\sum_{l=1}^{n-m-1}\left[\mathbb{E}\left(\left|\sum_{j=m}^{n-l-1}\frac{\xi_j\xi_{j+l}}{j(j+l)}\right|^2\right)\right]^{\frac{1}{2}}$$

$$\le \sum_m^{n-1}\frac{1}{k^2} + 2\sum_{l=1}^{n-m-1}\left(\sum_{j=m}^{n-l-1}\frac{1}{j^2(j+l)^2}\right)^{\frac{1}{2}}$$

$$\le \frac{n-m}{m^2} + 2\frac{(n-m)^{3/2}}{m^2},$$

现在取 $n = 2m$ 得

$$\mathbb{E}\left(\sum_{n\ge 1} t_{2^{n-1},2^n}\right) \le \sum_{n\ge 1}\left(\mathbb{E}[t_{2^{n-1},2^n}^2]\right)^{1/2} < +\infty.$$

□

16. 设 $B = (B_t)$ 是标准 Brown 运动, 则

$$\lim_{t\to 0} tB_{1/t} = 0 \text{ a.s.}$$

17. (强马氏性) 对任何 $(\mathscr{F}_{t+}^0)$- 停时 $\tau$, 以及有界连续函数 $f$, 有

$$\mathbb{E}[f(B_{t+\tau} - B_\tau)|\mathscr{F}_{\tau+}^0]1_{\{\tau<\infty\}} = \mathbb{E}[f(B_t)]1_{\{\tau<\infty\}}. \tag{3.6.3}$$

证明. 事实上, 对任何 $t, s > 0$, $B_{t+s} - B_s$ 与 $\mathscr{F}_s^0$ 独立, 故

$$\mathbb{E}[f(B_{t+s} - B_s)|\mathscr{F}_s^0] = \mathbb{E}[f(B_t)].$$

设 $\tau^{(n)}$ 是 $\tau$ 的离散化

$$\tau^{(n)} = \sum_{k\ge 1} \frac{k}{2^n} 1_{\{\frac{k-1}{2^n}\le \tau < \frac{k}{2^n}\}},$$

那么对任何 $H \in \mathscr{F}_{\tau+}^0$, 有 $H \cap \{\tau < t\} \in \mathscr{F}_t^0$ 对任何 $t > 0$ 成立, 因此对任何 $n \geq 1$, 由定理 3.4.2

$$\mathbb{E}[f(B_{t+\tau^{(n)}} - B_{\tau^{(n)}}); H, \tau < \infty]$$
$$= \sum_{k \geq 1} \mathbb{E}[f(B_{t+k/2^n} - B_{k/2^n}); H \cap \{\tau^{(n)} = k/2^n\}]$$
$$= \sum_{k \geq 1} \mathbb{E}[f(B_t)] \mathbb{P}(H \cap \{\tau^{(n)} = k/2^n\})$$
$$= \mathbb{E}[f(B_t)] \mathbb{P}(H \cap \{\tau < \infty\}) .$$

让 $n$ 趋于无穷, 由 Brown 运动连续性推出 (3.6.3). □

18. 利用上题结论证明: 对于 $t, s \geq 0$, 非负可测函数 $f$, 有

$$\mathbb{E}[f(B_{t+s})|\mathscr{F}_s^0] = \mathbb{E}[f(B_{t+s})|\mathscr{F}_{s+}^0].$$

(*) 加入所有零概率集在所有 $\mathscr{F}_t^0$ 中再重新生成 $\sigma$-代数记为 $\mathscr{F}_t$, 则 $\mathscr{F}_t = \mathscr{F}_{t+}$.

19. (Wald 等式) 设 $B$ 是标准 Brown 运动, $\sigma, \tau$ 是两个可积停时且 $\sigma \leq \tau$. 证明:

   (a) $B_\tau$ 平方可积且 $\mathbb{E}[B_\tau^2] = \mathbb{E}[\tau]$;

   (b) 设 $\tau_b$ 是 $b \in \mathbb{R}$ ($b \neq 0$) 的首中时, 那么 $\mathbb{E}[\tau_b] = \infty$;

   (c) $\mathbb{E}[(B_\tau - B_\sigma)^2] = \mathbb{E}[B_\tau^2 - B_\sigma^2] = \mathbb{E}[\tau - \sigma]$.

证明. 因为 $B_t^2 - t$ 是鞅, 由 Doob 停止定理, $\mathbb{E}[B_{\tau \wedge n}^2] = \mathbb{E}[\tau \wedge n] \leq \mathbb{E}[\tau] < \infty$. 由 Fatou 引理, $\mathbb{E}[B_\tau^2] < \infty$. 再由 Doob 不等式, $\mathbb{E}[\sup_n B_{\tau \wedge n}^2] \leq 4\mathbb{E}[\tau]$, 因此 $\{B_{\tau \wedge n}^2 : n \geq 1\}$ 一致可积, 从而 $\mathbb{E}[B_\tau^2] = \mathbb{E}[\tau]$. □

20. (固定时间的反射原理) 设 $B = (B_t)$ 是标准 Brown 运动, 对任意 $s > 0$, 定义

$$B_t' = \begin{cases} B_t, & t < s, \\ 2B_s - B_t, & t \geq s. \end{cases}$$

证明 $B' = (B_t')$ 也是标准 Brown 运动. 实际上 $B'$ 是将 $B$ 在时间 $s$ 处之后的轨道沿着直线 $y = B_s$ 反射所得到的.

21. (停时处的反射原理) 上题结论当 $s$ 被停时代替时也成立.

## 3.6 习题与解答

22. 设 $(B_t)_{t\geq 0}$ 是一维标准 Brown 运动. 那么对任何 $t > 0$, 当 $n$ 趋于无穷时, 有

$$\sum_{j=1}^{2^n} \left[ B_{\frac{j}{2^n}t} - B_{\frac{j-1}{2^n}t} \right]^2 \to t \quad \text{a.s.} \tag{3.6.4}$$

23. 对任何 $n$, 设

$$D_n = \{0 = t_{0,n} < t_{1,n} < \cdots < t_{k_n,n} = t\}$$

是 $[0, t]$ 的有限分划. 如果 $D_{n+1} \supset D_n$ 且

$$\lim_{n\to\infty} m(D_n) = \lim_{n\to\infty} \max |t_{n_i,n} - t_{n_{i-1},n}| = 0,$$

证明: 当 $n$ 趋于无穷时,

$$\sum_{i=1}^{n} \left| B_{t_{k_i,n}} - B_{t_{k_{i-1},n}} \right|^2 \to t \quad \text{a.s.} \tag{3.6.5}$$

.

证明. 用 $M_n$ 表示 (3.6.5) 的左边, 则以下随机序列

$$\{\cdots, M_n, \cdots, M_2, M_1\}$$

是一个非负鞅. 即证明 (赵敏智提供)

$$\mathbb{E}[M_1|M_2, M_3, \cdots] = M_2. \tag{3.6.6}$$

为简单起见, 设 $D_1 = \{0, t\}$, $D_2 = \{0, s, t\}$,

$$\mathbb{E}[M_1|M_2, M_3, \cdots] = M_2 + 2\mathbb{E}[(B_t - B_s)(B_s - B_0)|M_2, M_3, \cdots].$$

不妨设 Brown 运动是轨道型的, 对任意 $\omega \in \Omega$ 与 $s > 0$, 令

$$\theta\omega(u) = \begin{cases} \omega(u), & u < s, \\ 2\omega(s) - \omega(u), & u \geq s, \end{cases}$$

那么由 Brown 运动的反射引理, 且当 $s$ 是 $M_n$ 中的一个分点时, $M_n \circ \theta = M_n$, 故而

$$\mathbb{E}[(B_s - B_t)(B_s - B_0)|M_2, M_3, \cdots] = \mathbb{E}[(B_t - B_s)(B_s - B_0)|M_2, M_3, \cdots],$$

因此上式为零, (3.6.6) 式成立. □

24. 设 $(X_t, Y_t)$ 是二维标准 Brown 运动, 对 $s > 0$, $T_s$ 是 $X$ 对于 $s$ 的首中时, 令
$$Z_s := Y_{T_s},$$
证明: $Z = (Z_s)$ 是 Lévy 过程 (除了右连续性外), 计算其 Lévy 指数. (提示: $Y$ 与 $T_s$ 独立, 然后证明可以应用 Fubini 定理.)

25. (思考题) 设 $W = C[0,1]$, $(W, \mathscr{B}(W), \mu)$ 是 Wiener 空间. 对于 $h \in W$, 定义 $W$ 上的平移变换
$$T_h x(t) = x(t) + h(t).$$
问题: $\mu \circ T_h^{-1}$ 是否与 $\mu$ 等价或者在什么条件下等价?

# 第四章  Itô 积分

在本章中，我们将以经典的方法展开 Itô 积分理论，也就是说，先对简单过程 $(F_t)_{t\geq 0}$ 定义随机积分 $\int_0^t F_s \mathrm{d}B_s$，然后利用 Itô 积分的鞅性将定义扩展至很一般的被积过程. 顺便说一句，Itô 研究随机积分的动机是研究他感兴趣的那些由随机微分方程

$$\mathrm{d}X_t = \sigma(X_t)\mathrm{d}B_t + b(X_t)\mathrm{d}t$$

所确定的马氏过程 $X$. 他认为这样的方程形式直观上描述了粒子的一种随机运动模式.

## 4.1  引论

设 $B = (B_t)_{t\geq 0}$ 是概率空间 $(\Omega, \mathscr{F}, \mathbb{P})$ 上一维标准 Brown 运动，$(\mathscr{F}_t^0)_{t\geq 0}$ 是 $(B_t)_{t\geq 0}$ 生成的自然流，即对任何 $t \geq 0$，

$$\mathscr{F}_t^0 = \sigma\{B_s : s \leq t\},$$

它表示 Brown 运动 $B = (B_t)_{t\geq 0}$ 直至时间 $t$ 的历史. 加入所有零概率集之后记为 $(\mathscr{F}_t)$. 这时，$(\mathscr{F}_t)$ 是右连续的，所以 $(\mathscr{F}_t)$ 满足通常条件.

我们的主要目的是定义下列形式的 Itô 积分

$$\int_0^t F_s \mathrm{d}B_s,\ t \geq 0,$$

其中被积过程 $F = (F_t)_{t\geq 0}$ 是满足某些条件 (后面详解) 的一个随机过程. 例如，我们可以对 Borel 可测函数 $f$ 定义积分

$$\int_0^t f(B_s) \mathrm{d}B_s.$$

考虑 $[0,1]$ 上的两个函数 $f, g$, $D$ 是 $[0,1]$ 上一个分划, 定义

$$S(f,D) := \sum_D f(t_{k-1})(g(t_k) - g(t_{k-1})).$$

一个众所周知的分析结果说, 如果对任何连续函数 $f$, 当 $D$ 趋于零时, $S(f,D)$ 收敛, 那么函数 $g$ 在 $[0,1]$ 上必定是有界变差的.

**练习 4.1.1** 证明这个结论. 提示: 应用共鸣定理.

反过来说, 如果 $g$ 不是有界变差的, 那么以上和式不可能对所有连续函数收敛. 因为对几乎所有的 $\omega \in \Omega$, Brown 运动的样本轨道 $t \to B_t(\omega)$ 在任何区间上都没有有界变差, 故按样本轨道的 Riemann 和形式

$$\sum_i F_{t_i^*}(B_{t_i} - B_{t_{i-1}})$$

来定义积分是没有意义的. 随机积分是说, 如若我们合适地选取 $t_i^* \in [t_{i-1}, t_i]$ 且过程 $(F_t)_{t \geq 0}$ 适应于流 $(\mathscr{F}_t^0)_{t \geq 0}$, 那么这个和作为随机变量在依概率收敛的意义下的极限却是存在的. 这个方法有效是因为 $(B_t)_{t \geq 0}$ 与 $(B_t^2 - t)_{t \geq 0}$ 都是连续鞅.

简单地说, 适应左连续过程 $F = (F_t)_{t \geq 0}$ 关于 Brown 运动 $B = (B_t)_{t \geq 0}$ 的 Itô 积分

$$(F.B)_t = \int_0^t F_s \mathrm{d}B_s$$

仍然是一个随机过程, 当有限分划趋于零时, 对于任何固定的 $t$, 它是下面特殊的 Riemann 和的极限:

$$\int_0^t F_s \mathrm{d}B_s = \lim_{|D| \to 0} \sum_i F_{t_{i-1}}(B_{t_i} - B_{t_{i-1}}),$$

其中极限的存在可能在 $L^2$- 意义下, 但更一般地, 是在依概率收敛的意义下, 另外分划趋于零是指

$$D = \{0 = t_0 < t_1 < \cdots < t_n = t\}$$

满足 $|D| = \max_i(t_i - t_{i-1}) \to 0$. 选择左端点的理由是: 只有这样选择, 才有

$$\mathbb{E}\left(F_{t_{i-1}}(B_{t_i} - B_{t_{i-1}})\right) = 0 \tag{4.1.1}$$

与

$$\mathbb{E}\left(F_{t_{i-1}}^2 (B_{t_i} - B_{t_{i-1}})^2 - F_{t_{i-1}}^2 (t_i - t_{i-1})\right) = 0 , \tag{4.1.2}$$

从而使得随机积分代表的随机过程 $F.B$ 是一个鞅. 不仅如此, 更重要地, 类似 Brown 运动, 其平方后减去一个增过程得到的过程

$$\left((F.B)_t^2 - \int_0^t F_s^2 \mathrm{d}s : t \geq 0 \right)$$

也是一个鞅.

我们由此得到所谓的 Itô 等距映照

$$\mathbb{E}\left(\int_0^t F_s \mathrm{d}B_s\right)^2 = \mathbb{E}\int_0^t F_s^2 \mathrm{d}s, \tag{4.1.3}$$

固定时间 $T$, $[0,T]$ 上的鞅 $(M_t)$ 是由其终端值 $M_T$ 所唯一决定的. 它意味着映射

$$F \mapsto \int_0^T F_s \mathrm{d}B_s$$

建立了范数为 $\|F\| = \sqrt{\mathbb{E}\int_0^T F_s^2 \mathrm{d}s} < \infty$ 的左连续适应过程 $F$ 的空间到范数为 $\|M\| = \sqrt{\mathbb{E}(M_T^2)}$ 连续平方可积鞅空间的一个等距映射. 由于这个等距映射, 再利用平方可积鞅空间的完备性, 我们可以对简单过程定义 Itô 积分然后扩张至其闭包. 而如同我们看到的, Itô 等距映射的关键是 $(B_t^2 - t)$ 是一个鞅, 或者说 $(B_t)$ 有二次变差过程.

随机积分将先对于简单随机过程定义, 然后利用 Itô 等距进行扩张, 对更一般的随机过程定义, 之后利用局部化技术扩张到局部有界过程关于连续局部鞅的积分, 最后扩张到关于连续半鞅的积分.

## 4.2 经典随机积分

给定概率空间 $(\Omega, \mathscr{F}, \mathscr{F}_t, \mathbb{P})$ 上的标准 Brown 运动 $B = (B_t : t \geq 0)$. 不妨假设 $(\mathscr{F}_t)$ 满足通常条件.

**定义 4.2.1** 一个适应随机过程 $F = (F_t)_{t \geq 0}$ 被称为简单过程 (或者阶梯过程), 如果它是一个可以表示为如下形式的有界适应过程

$$F_t(\omega) = f(\omega)1_{\{0\}}(t) + \sum_{i=0}^{\infty} f_i(\omega)1_{(t_i, t_{i+1}]}(t), \tag{4.2.1}$$

其中 $0 = t_0 < t_1 < \cdots < t_i \to \infty$.

对于上面的简单过程，那么对任何 $t \geq 0$，只有有限多个 $t_i \in [0,t]$，另外 $f_i$ 是关于 $\mathscr{F}_{t_i}$ 可测的. 简单随机过程全体用符号 $\mathscr{L}_0$ 表示. 如果 $F = (F_t)_{t \geq 0} \in \mathscr{L}_0$，那么 $F$ 关于 Brown 运动 $B = (B_t)_{t \geq 0}$ 的随机积分定义为一个随机过程 $I(F)$，

$$I(F)_t \equiv \sum_{i=0}^{\infty} f_i(B_{t \wedge t_{i+1}} - B_{t \wedge t_i}),$$

其中上述和式中只有有限多项是非零的. 显然 $I(F) = (I(F)_t)_{t \geq 0}$ 是连续平方可积的且适应于 $(\mathscr{F}_t)_{t \geq 0}$.

**引理 4.2.1** $(I(F)_t)_{t \geq 0}$ 是个鞅，即

$$\mathbb{E}(I(F)_t - I(F)_s | \mathscr{F}_s) = 0 , \quad \forall t > s .$$

**证明.** 设有某个 $k, j \in \mathbb{N}$ 使得 $t_j < t \leq t_{j+1}, t_k < s \leq t_{k+1}$，那么 $k \leq j$ 且

$$I(F)_t = \sum_{i=0}^{j-1} f_i(B_{t_{i+1}} - B_{t_i}) + f_j(B_t - B_{t_j}) ;$$

$$I(F)_s = \sum_{i=0}^{k-1} f_i(B_{t_{i+1}} - B_{t_i}) + f_k(B_s - B_{t_k}) .$$

证明的过程是对各种情形验证鞅性 $\mathbb{E}[I(F)_t - I(F)_s | \mathscr{F}_s] = 0$. 如果 $k < j-1$，那么

$$\begin{aligned} I(F)_t - I(F)_s &= \sum_{i=k+1}^{j-1} f_i(B_{t_{i+1}} - B_{t_i}) \\ &\quad + f_j(B_t - B_{t_j}) + f_k(B_{t_{k+1}} - B_s) . \end{aligned} \tag{4.2.2}$$

如果 $k+1 \leq i \leq j-1$，那么 $s \leq t_i$ 故 $\mathscr{F}_s \subset \mathscr{F}_{t_i}$. 因此

$$\begin{aligned} &\mathbb{E}\left(f_i(B_{t_{i+1}} - B_{t_i}) | \mathscr{F}_s\right) \\ &= \mathbb{E}\left\{\mathbb{E}(\{f_i(B_{t_{i+1}} - B_{t_i}) | \mathscr{F}_{t_i}\} | \mathscr{F}_s\right\} \\ &= \mathbb{E}\left\{f_i \mathbb{E}\left\{B_{t_{i+1}} - B_{t_i} | \mathscr{F}_{t_i}\right\} | \mathscr{F}_s\right\} \\ &= 0 . \end{aligned}$$

第一个等式是由于 $f_i \in \mathscr{F}_{t_i}$，而第二个等式是由于 $(B_t)$ 是个鞅. 类似地，

$$\mathbb{E}\left(f_j(B_t - B_{t_j}) | \mathscr{F}_s\right) = 0, \quad t > t_j \geq s, f_j \in \mathscr{F}_{t_j},$$

$$\mathbb{E}\left(f_k(B_{t_{k+1}} - B_s) | \mathscr{F}_s\right) = 0, \quad t_{k+1} \geq s > t_k, f_k \in \mathscr{F}_{t_k} \subset \mathscr{F}_s.$$

## 4.2 经典随机积分

把这些方程放在一起, 我们得到

$$\mathbb{E}\left(I(F)_t - I(F)_s | \mathscr{F}_s\right) = 0.$$

如果 $k = j - 1$, 那么 $t_{j-1} < s \le t_j < t \le t_{j+1}$ 且

$$I(F)_t - I(F)_s = f_{j-1}(B_{t_j} - B_s) + f_j(B_t - B_{t_j}).$$

我们因此有

$$\mathbb{E}\left(I(F)_t - I(F)_s | \mathscr{F}_s\right) = 0.$$

□

**引理 4.2.2** 随机过程

$$\left( I(F)_t^2 - \int_0^t F_s^2 \mathrm{d}s \right)_{t \ge 0}$$

也是一个鞅.

**证明.** 我们想要证明对任何 $t \ge s$,

$$\mathbb{E}\left( I(F)_t^2 - \int_0^t F_u^2 \mathrm{d}u \,\bigg|\, \mathscr{F}_s \right) = I(F)_s^2 - \int_0^s F_u^2 \mathrm{d}u.$$

换句话说, 我们需要证明

$$\mathbb{E}\left( I(F)_t^2 - I(F)_s^2 - \int_s^t F_u^2 \mathrm{d}u \,\bigg|\, \mathscr{F}_s \right) = 0.$$

显然

$$\begin{aligned}
I(F)_t^2 - I(F)_s^2 &= (I(F)_t - I(F)_s)^2 - 2I(F)_t I(F)_s - 2I(F)_s^2 \\
&= (I(F)_t - I(F)_s)^2 - 2(I(F)_t - I(F)_s)I(F)_s.
\end{aligned}$$

因为 $(I(F)_t)_{t \ge 0}$ 是个鞅, 故

$$\mathbb{E}(I(F)_t - I(F)_s | \mathscr{F}_s) = 0.$$

但是 $I(F)_s \in \mathscr{F}_s$, 故有

$$\mathbb{E}\left\{ I(F)_s \left( I(F)_t - I(F)_s \right) | \mathscr{F}_s \right\}$$
$$= I(F)_s \mathbb{E}\left\{ I(F)_t - I(F)_s | \mathscr{F}_s \right\} = 0.$$

我们因此需要证明

$$\mathbb{E}\left\{(I(F)_t - I(F)_s)^2 - \int_s^t F_u^2 \mathrm{d}u \bigg| \mathscr{F}_s\right\} = 0.$$

我们现在使用引理 4.2.1 的证明中所用的相同符号. 由 (4.2.2) 容易看出如果 $k < j-1$, 那么

$$\begin{aligned}(I(F)_t - I(F)_s)^2 &= \sum_{i,l=k+1}^{j-1} f_i f_l (B_{t_{i+1}} - B_{t_i})(B_{t_{l+1}} - B_{t_l}) \\ &+ \sum_{i=k+1}^{j-1} f_i f_j (B_{t_{i+1}} - B_{t_i})(B_t - B_{t_j}) \\ &+ \sum_{i=k+1}^{j-1} f_i f_k (B_{t_{i+1}} - B_{t_i})(B_{t_{k+1}} - B_s) \\ &+ f_j^2 (B_t - B_{t_j})^2 + f_k^2 (B_{t_{k+1}} - B_s)^2 \\ &+ f_k f_j (B_t - B_{t_i})(B_{t_{k+1}} - B_s).\end{aligned}$$

利用引理 4.4.1 以及 $(B_t)_{t\geq 0}$ 与 $(B_t^2 - t)_{t\geq 0}$ 都是鞅的事实, 我们得到

$$\begin{aligned}&\mathbb{E}\left\{[I(F)_t - I(F)_2]^2 \big| \mathscr{F}_s\right\} \\ &= \mathbb{E}\left(\sum_{j=k+1}^{j-1} f_i^2(t_{i+1} - t_i) + f_j^2(t - t_j) + f_k^2(t_{k+1} - s) \bigg| \mathscr{F}_s\right),\end{aligned}$$

然后

$$\mathbb{E}\left\{(I(F)_t - I(F)_s)^2 | \mathscr{F}_s\right\} = \mathbb{E}\left(\int_s^t F_u^2 \mathrm{d}u \bigg| \mathscr{F}_s\right).$$

$\square$

因此如果 $F$ 是一个简单过程, 那么 Itô 积分 $I(F)$ 是个初值为零的连续平方可积鞅, $F \to I(F)$ 是线性的, 且对任何 $t \geq 0$,

$$\mathbb{E}\left(I(F)_t^2\right) = \mathbb{E}\left(\int_0^t F_s^2 \mathrm{d}s\right). \tag{4.2.3}$$

等式 (4.2.3) 称为 Itô 等距, 它是我们定义随机积分的关键. 下面我们把随机积分的定义扩展到简单过程的极限.

为了把 Itô 积分的定义扩展到更大类的被积过程类, 首先我们需要引入两个重要的空间. 设 $H^2$ 是连续平方可积鞅的空间. 对任何 $T$, 我们将在时间集 $\mathsf{T} = [0,T]$

## 4.2 经典随机积分

上定义随机积分. 定义范数

$$\|M\|_{H^2} := \sqrt{\sup_{t \in \mathsf{T}} \mathbb{E} M_t^2} = (\mathbb{E}[M_T^2])^{1/2}.$$

**定理 4.2.1** 空间 $H^2$ 是 Hilbert 空间.

证明. 设 $M^{(n)}$ 是 $H^2$ 中的 Cauchy 列, 则 $\{M_T^{(n)}\}$ 是 $L^2$ 空间上的 Cauchy 列. 应用 Doob 不等式

$$\mathbb{E}[\sup_{t \in \mathsf{T}} |M_t^{(n)} - M_t^{(m)}|^2] \le 4\mathbb{E}(M_T^{(n)} - M_T^{(m)})^2,$$

得到一个子列 $k_n$, 使得

$$\sum_n \mathbb{E}[\sup_{t \in \mathsf{T}} |M_t^{(k_{n+1})} - M_t^{(k_n)}|^2] < \infty.$$

这蕴含着对几乎所有轨道,

$$\sum_n \sup_{t \in \mathsf{T}} |M_t^{(k_{n+1})} - M_t^{(k_n)}| < \infty.$$

推出 $M^{(k_n)}$ 在 $[0, T]$ 上是一致收敛的. 极限记为 $M$, 它是连续的, 且它也是 $M^{(n)}$ 在 $H^2$ 中的极限, 因此 $M \in H^2$. □

**练习 4.2.1** 补充证明中的所有细节.

另一个空间是被积过程空间. 观察 (4.2.3) 式的右边, 自然地会想到怎么定义范数. 对任何 $[0, T] \times \Omega$ 上的联合可测函数 $F = (F_t(\omega))$, 定义

$$\|F\|_{\mathscr{L}^2}^2 := \sqrt{\mathbb{E} \int_0^T F_t^2 \mathrm{d}t}. \tag{4.2.4}$$

它实际上是 Hilbert 空间

$$\mathbb{L}^2 = L^2([0,T] \times \Omega, \mathscr{B}([0,T]) \times \mathscr{F}, dt \times \mathbb{P})$$

上的范数. 而 $\mathscr{L}_0 \subset \mathbb{L}^2$, 用 $\mathscr{L}^2$ 表示 $\mathscr{L}_0$ 的关于 $\|\cdot\|_{\mathscr{L}^2}$ 的完备化空间, 是一个 Hilbert 空间.

如果过程 $F = (F_t)_{t \ge 0}$ 是简单适应过程序列 $\{F^{(n)} : n \in \mathbb{N}\}$ 当 $n$ 趋于无穷的极限

$$\mathbb{E} \int_0^T |F_t^{(n)} - F_t|^2 \mathrm{d}t \to 0,$$

那么 Ito 积分的线性性质与 Itô 等距蕴含着

$$\|I(F^{(n)}) - I(F^{(m)})\|_{H^2} = \mathbb{E}|I(F^{(n)})_T - I(F^{(m)})_T|^2$$
$$= \mathbb{E}\int_0^T |F_t^{(n)} - F_t^{(m)}|^2 \mathrm{d}t,$$

即 $\{I(F^{(n)})\}$ 是 $(H^2, \|\cdot\|_{H^2})$ 上的 Cauchy 列. 因为 $H^2$ 是完备的, 故过程序列 $I(F^{(n)})$ 在 $H^2$ 中的极限存在. 我们自然定义

$$I(F) := \lim_{n\to\infty} I(F^{(n)}).$$

它被称为 $F$ 关于 Brown 运动 $B$ 的 Itô 积分, 它是一个随机过程, 定义方法和积分类似, 简单记为 $F.B$, 且形象地把随机变量 $I(F)_t = (F.B)_t$ 写成为 Stieltjes 积分的形式

$$\int_0^t F_s \mathrm{d}B_s.$$

因为 $T$ 任意, 所以我们实际上对任何 $t \geq 0$, 定义了随机积分 $I(F)_t$, 它组成一个随机过程.

**定理 4.2.2** 映射 $F \to F.B$ 是从 $\mathscr{L}^2$ 到 $H^2$ 的一个线性等距映射, 其中 $\mathscr{L}^2$ 装备范数

$$\|F\|_{\mathscr{L}^2} = \sqrt{\mathbb{E}\int_0^T F_t^2 \mathrm{d}t}. \tag{4.2.5}$$

而 $H^2$ 是装备范数 $\|M\|_{H^2} = \sqrt{\mathbb{E}(M_T^2)}$ 的 Hilbert 空间. 进一步地, 对于 $F \in \mathscr{L}^2$,

$$\left((F.B)_t^2 - \int_0^t F_s^2 \mathrm{d}s : t \in \mathsf{T}\right)$$

是鞅.

**练习 4.2.2** 证明以上定理中最后一句话.

尽管 $\mathscr{L}_0$ 看上去不大, 但完备化之后的被积过程空间 $\mathscr{L}^2$ 是一个很大的空间, 下面的引理给出一个充分条件, 对我们来说已经足够了.

**定理 4.2.3** 设 $F = (F_t)_{t\in\mathsf{T}} \in \mathbb{L}^2$ 是左连续适应随机过程, 那么 $F \in \mathscr{L}^2$ 且在 $L^2$ 意义下有

$$I(F)_t = \lim_{|D|\to 0} \sum_l F_{t_{l-1}} \left(B_{t_l} - B_{t_{l-1}}\right).$$

## 4.2 经典随机积分

证明. 显然 $\mathscr{L}^2$ 的有界过程全体在其中稠密 (请验证), 故我们不妨设 $F$ 有界. 对于 $n > 0$, 设
$$D_n \equiv \{0 = t_0^n < t_1^n < \cdots < t_{n_k}^n = T\}$$
是 $[0, T]$ 上一个有限分划序列使得当 $n \to \infty$ 时,
$$m(D_n) = \sup_j |t_j^n - t_{j-1}^n| \to 0.$$
令
$$F_t^{(n)} = F_0 1_{\{0\}}(t) + \sum_{l=1}^{n_k} F_{t_{l-1}^n} 1_{(t_{l-1}^n, t_l^n]}(t), \ t \geq 0, \tag{4.2.6}$$
那么每个 $F^{(n)}$ 都是简单过程, 且因为 $F$ 左连续, 故对任何 $t$, $F_t^{(n)} \to F_t$. 因此根据有界收敛定理推出当 $n$ 趋于无穷时, 有
$$\mathbb{E}\left[\int_0^T |F_s^{(n)} - F_s|^2 \mathrm{d}s\right] \to 0 \ .$$
由定义得 $F \in \mathscr{L}^2$. □

因此我们说随机积分是取左端点 Riemann 和的 $L^2$ (或者依概率收敛) 极限.

**注释 4.2.1.** 条件 $F = (F_t)_{t \geq 0}$ 适应于由 Brown 运动生成的流 $(\mathscr{F}_t)_{t \geq 0}$, 在定义 Itô 积分时是本质的. 而另一方面, 过程 $t \to F_t$ 的左连续性是技术性的, 它可以被其它可测性代替. 当定义 $F = (F_t)_{t \geq 0}$ 相对于具有不连续点的鞅的随机积分时, 其左连续性变成是必需的. 理由是 $F$ 在时刻 $t$ 的左极限在时间 $t$ 之前 "发生", 如果 $t \to F_t$ 左连续, 那么, 对任何时间 $t$, $F_t$ 的值可以被时刻 $t$ 之前的值所预测
$$F_t = \lim_{s \uparrow t} F_s \ .$$

**注释 4.2.2.** 我们应该指出某种形式的联合可测性 $(t, \omega) \to F_t(\omega)$ 是必要的, 以保证 (4.2.5) 有意义. 注意到 (4.2.5) 可以写成为
$$\int_\Omega \int_0^t F_s(\omega)^2 \mathrm{d}s \mathbb{P}(\mathrm{d}\omega) < +\infty,$$
故自然的可测条件应该是对任何 $t > 0$, 函数
$$F(s, \omega) \equiv F_s(\omega)$$
作为 $[0, t] \times \Omega$ 上的函数关于 $\mathscr{B}([0, t]) \otimes \mathscr{F}_t$ 可测, 其中 $\mathscr{B}([0, t])$ 是 $[0, t]$ 上 Borel $\sigma$-代数. 这实际上就是随机过程关于给定流的循序可测性.

**练习 4.2.3** 设 $B=(B_t)$ 是适应的 Brown 运动. 证明: 对任何 Borel 可测函数 $f$ 使得

$$\mathbb{E}\int_0^T f[(B_t)]^2 \mathrm{d}t < \infty, \tag{4.2.7}$$

那么 $(f(B_t))_{t\geq 0}$ 是在 $\mathscr{L}^2$ 中.

条件 (4.2.7) 究竟是什么意思呢? 实际上

$$\begin{aligned}\mathbb{E}\int_0^T [f(B_t)]^2 \mathrm{d}t &= \int_0^T \mathbb{E}[f(B_t)^2]\mathrm{d}t \\ &= \int_0^T P_t(f^2)(0)\mathrm{d}t,\end{aligned}$$

其中

$$\begin{aligned}P_t(f^2)(0) &= \frac{1}{(2\pi t)^{d/2}}\int_{\mathbb{R}^d} f(x)^2 \mathrm{e}^{-|x|^2/2t}\mathrm{d}x \\ &= \frac{1}{(2\pi)^{d/2}}\int_{\mathbb{R}^d} f(\sqrt{t}x)^2 \mathrm{e}^{-|x|^2/2}\mathrm{d}x \ .\end{aligned}$$

因此, 如果 $f$ 是多项式, 那么 $(f(B_t):t\geq 0)$ 属于 $\mathscr{L}^2$, 且对任何常数 $\alpha$, 过程 $(\mathrm{e}^{\alpha B_t})_{t\geq 0}$ 也属于 $\mathscr{L}^2$. 随机过程 $F_t = \mathrm{e}^{\alpha B_t^2}$ 怎么样呢? 这时

$$\mathbb{E}\int_0^T F_t^2 \mathrm{d}t = \frac{1}{(2\pi)^{d/2}}\int_0^T \mathrm{d}t \int_{\mathbb{R}^d} \mathrm{e}^{2\alpha t x^2}\mathrm{e}^{-|x|^2/2}\mathrm{d}x.$$

因此当 $\alpha \leq 0$ 时,

$$\mathbb{E}\int_0^T F_t^2 \mathrm{d}t < \infty.$$

当 $\alpha > 0$ 时,

$$\mathbb{E}\int_0^T F_t^2 \mathrm{d}t < \infty \ \text{当且仅当} \ T < \frac{1}{4\alpha} \ .$$

**练习 4.2.4** 设 $f$ 是 $[0,T]$ 上的绝对连续函数. 证明:

$$\int_0^t f(s)\mathrm{d}B_s = B_t f(t) - \int_0^t B_s \mathrm{d}f(s),$$

注意右边是通常积分.

如果 $F=(F_t)_{t\geq 0}\in \mathscr{L}^2$, 那么下面两个过程

$$\int_0^t F_s \mathrm{d}B_s \quad \text{及} \quad \left(\int_0^t F_s \mathrm{d}B_s\right)^2 - \int_0^t F_s^2 \mathrm{d}s$$

是初值为零的连续鞅,特别地

$$\mathbb{E}\left[\int_0^T F_s \mathrm{d}B_s\right]^2 = \mathbb{E}\left(\int_0^T F_s^2 \mathrm{d}s\right),$$

且对任何 $t \geq s$,

$$\mathbb{E}\left\{\left(\int_s^t F_u \mathrm{d}B_u\right)^2 \bigg| \mathscr{F}_s\right\} = \mathbb{E}\left\{\int_s^t F_u^2 \mathrm{d}u \bigg| \mathscr{F}_s\right\}.$$

至此, Itô 的关于 Brown 运动的随机积分被完美地定义了, 其中的关键是 Itô 等距, 而 Itô 等距的关键是 Brown 运动有两次变差过程. 也就是说, 如果我们想对一般的平方可积鞅定义随机积分, 必须要先讨论它是否具有二次变差过程.

## 4.3 二次变差过程

在上一节中, 我们完美地定义了关于 Brown 运动的随机积分, 但这还远远不够, 因为一旦涉及具体的运算, 必定会涉及更一般的积分形式, 所以我们需要把相对于连续平方可积鞅的随机积分说清楚, 其中的关键是二次变差, 为此, 必须首先证明连续平方可积鞅一定有二次变差, 如同 Brown 运动一样.

在本节中, 固定一个带有流的概率空间 $(\Omega, \mathscr{F}, \mathscr{F}_t, \mathbb{P})$. 所有的鞅, 停时及适应性都是相对于 $(\mathscr{F}_t)$ 而言的. 我们将讨论鞅的二次变差过程的问题.

设 $M = (M_t)$ 是连续的平方可积鞅, 对任意 $n \geq 1$, 定义

$$\tau_n := \inf\{t \geq 0 : |M_t| \geq n\},$$

那么 $\tau_n$ 是停时. 显然 $\tau_n$ 关于 $n$ 递增, 且因为连续函数在任何有限区间上是有界的, 故 $\tau_n \uparrow +\infty$. 另外, 如果 $t \leq \tau_n$ 必有 $|M_t| \leq n$, 故

$$|M_t^{\tau_n}| = |M_{t \wedge \tau_n}| \leq n,$$

即停止过程 $M^{\tau_n}$ 是有界连续鞅. 这样的一个停时序列称为是 $M$ 的一个局部化序列.

由此引入局部鞅的概念, 局部鞅在随机分析中是不可缺少的工具.

**定义 4.3.1** 一个几乎处处递增且趋于无穷的停时列 $\{\tau_n\}$ 称为是一个局部化序列. 一个实值右连续适应过程 $M = (M_t)_{t \geq 0}$ 称为是局部鞅, 如果存在一个局部化序列

$\{\tau_n\}$, 使得对任何 $n$, 停止过程 $M^{\tau_n}$ 是鞅. 这样的一个局部化序列称为是局部鞅的局部化序列.

细心的读者可能会注意到, 在现在的定义下, 因为 $M_0^{\tau_n} = M_0$, 故若 $M_0$ 不可积, 则 $M = (M_t)$ 不可能是局部鞅, 也就是说甚至连 $M_t \equiv M_0$ 这样平凡的过程都不是局部鞅. 为了让局部鞅的定义有更好的包容性, 我们需要修改定义为: 存在几乎处处递增趋于无穷的停时列 $\{\tau_n\}$, 使得对任何 $n$, $M^{\tau_n} 1_{\{\tau_n > 0\}}$ 是鞅. 这个定义不影响使用, 因为对任何 $t \geq 0$, 有几乎处处地

$$\lim_n M_t^{\tau_n} 1_{\{\tau_n > 0\}} = M_t.$$

而且我们总可以找到一个局部化序列 $\{\tau_n\}$, 使得对任何 $n$, $M_0 1_{\{\tau_n > 0\}}$ 是有界的. 事实上, 只需取

$$\tau_n = n 1_{\{|M_0| < n\}}. \tag{4.3.1}$$

但是读者只需把这个细节记在心里, 在取局部鞅的时候, 虽然不明确地写出来, 但你可以认为 $1_{\{\tau_n > 0\}}$ 是写在旁边的, 或者就假设 $M_0$ 是有界的.

**练习 4.3.1** (1) 局部鞅的两个局部化序列取小依然是局部鞅的局部化序列;

(2) 如果 $M$ 是局部鞅, 那么存在局部化序列 $\{\tau_n\}$, 使得对任何 $n$, $M^{\tau_n}$ 是一致可积鞅;

(3) 如果 $M$ 是连续局部鞅, 那么总是可以取到一个局部化序列 $\{\tau_n\}$, 使得对任何 $n$, $M^{\tau_n}$ 是有界连续鞅;

(4) 如果 $M$ 是非负连续局部鞅, 那么 $M$ 是上鞅;

(5) 由 (4.3.1) 定义的 $\{\tau_n\}$ 是局部化序列.

被任何停时停止的鞅自然是局部鞅, 有些读者可能会猜测局部鞅只要有可积性是不是就成为鞅, 其实局部鞅和鞅差得很远, 可积性远不能保证局部鞅成为鞅, 简单的一致可积性也不够, 需要很强的一致可积性才有可能.

**练习 4.3.2** 一个过程 $X$ 是类 (DL) 的, 如果对任何 $t > 0$, 随机变量族

$$\{X_{t \wedge \tau} : \tau \text{ 取遍所有停时}\}$$

是一致可积的. 设有一个局部鞅 $M = (M_t)$, 证明: 它是鞅当且仅当它是类 (DL) 的.

## 4.3 二次变差过程

一个适应右连续随机过程 $A$ 称为是增过程 (或有界变差过程)，如果 $A_0 = 0$ a.s. 且对几乎所有的 $\omega \in \Omega$，轨道 $t \mapsto A_t(\omega)$ 是单调上升的 (对应地，在有限区间上是有界变差的)。首先我们证明像 Brown 运动一样，一个非常值连续局部鞅不可能是有界变差的。回忆对于一个平方可积鞅 $M$ 来说，当 $t > s$ 时有 $\mathbb{E}[(M_t - M_s)^2] = \mathbb{E}(M_t^2 - M_s^2)$。

**定理 4.3.1** 一个连续局部鞅 $M = (M_t)$ 是有界变差的当且仅当它是常值的，即对任意 $t \geq 0$，$M_t = M_0$ a.s.

**证明.** 先不妨设 $M$ 的全变差过程及 $M$ 本身被常数 $K$ 控制的一个鞅. 对任何 $t \geq 0$ 及 $[0, t]$ 上的任何分划

$$D = \{0 = t_0 < t_1 < \cdots < t_n = t\},$$

有

$$\mathbb{E}[(M_t - M_0)^2] = \mathbb{E}(M_t^2 - M_0^2) = \mathbb{E}\sum_i (M_{t_{i+1}}^2 - M_{t_i}^2)$$
$$= \mathbb{E}\sum_i (M_{t_{i+1}} - M_{t_i})^2 \leq K \cdot \mathbb{E}[\sup_i |M_{t_{i+1}} - M_{t_i}|],$$

由 $M$ 在 $[0, t]$ 上的轨道连续性，当 $|D| = \max_i |t_i - t_{i-1}| \to 0$ 时，

$$\sup_i |M_{t_{i+1}} - M_{t_i}| \longrightarrow 0, \text{ a.s.}$$

再由控制收敛定理，

$$\lim_{|D| \to 0} \mathbb{E}[\sup_i |M_{t_{i+1}} - M_{t_i}|] = 0,$$

故 $\mathbb{E}[(M_t - M_0)^2] = 0$，从而 $M$ 恒等于 $M_0$.

设 $M$ 是一个具有有界变差的连续局部鞅. 记 $V$ 是 $M$ 的全变差过程，定义

$$\tau_n := \inf\{t : V_t \geq n\},$$

则 $\{\tau_n\}$ 是一个趋于无穷的单增停时列，结合 $M$ 原来的局部化序列，存在局部化序列 $\{\sigma_n\}$ 使得停止过程 $M^{\sigma_n}$ 是一个具有有界的全变差过程的有界连续鞅. 因此 $M_{t \wedge \tau_n} = M_0$，再让 $n$ 趋于无穷，得 $M_t = M_0$. □

虽然连续局部鞅一般没有有界一次变差，但它却有二次变差，而且这个性质使得我们可以定义关于连续鞅的随机积分.

**定义 4.3.2** 对于任意的实值连续随机过程 $X$，如果存在一个随机过程 $A$，使得当 $[0,\infty)$ 上的分划 $D = \{t_i\}$ 趋于零时，对任何 $t > 0$，平方和过程

$$T_t^D(X) := \sum_i (X_{t_{i+1}\wedge t} - X_{t_i \wedge t})^2$$

依概率收敛于 $A_t$，则称过程 $X$ 存在有二次变差过程，过程 $A$ 称为是 $X$ 的二次变差过程，写为 $\langle X \rangle$。

**练习 4.3.3** 证明: 如果 $X$ 存在有二次变差过程，则对于任何 $s < t$ 有 $\langle X \rangle_s \leq \langle X \rangle_t$ a.s.

在上面定理的证明中，我们实际上证明了一个连续有界变差过程具有二次变差过程，其二次变差过程是零过程。我们把它写成为一个练习，在后面会被用到。

**练习 4.3.4** (1) 一个连续有界变差过程的二次变差过程是零；

(2) 如果连续局部鞅 $M$ 的二次变差过程 $\langle M \rangle$ 恒等于 0，那么 $M \equiv M_0$。

下面我们证明连续局部鞅具有有限二次变差，并给出二次变差过程的一个刻画。这是本节的主要定理。

**定理 4.3.2** 设 $M$ 是一个连续局部鞅，则 $M$ 具有有限二次变差过程，其二次变差过程 $\langle M \rangle$ 是使得 $M^2 - \langle M \rangle$ 成为连续局部鞅的唯一的连续增过程 $\langle M \rangle$。特别地，如果 $M$ 是连续平方可积鞅，那么 $M^2 - \langle M \rangle$ 是鞅。

仔细地看，这个定理的主要部分有好几个结论:

1. 二次变差过程 $\langle M \rangle$ 存在；

2. $\langle M \rangle$ 连续递增；

3. $M^2 - \langle M \rangle$ 是连续局部鞅；

4. 使得 $M^2 - A$ 是连续局部鞅的从 0 出发的增过程 $A$ 是唯一的。

**证明.** 唯一性由定理 4.3.1 立即推出. 事实上，如果有两个连续增过程 $A, A'$，使得 $M^2 - A$ 与 $M^2 - A'$ 都是连续局部鞅，那么

$$A - A' = (M^2 - A') - (M^2 - A),$$

左边是初始值为零的有界变差过程，右边是连续局部鞅，由定理 4.3.1，$A = A'$.

## 4.3 二次变差过程

现在证明二次变差过程的存在性以及其它结论. 证明比较长, 分成数步. 先粗略地讲述一下思想.

先设 $M$ 是有界连续鞅, 正常数 $K$ 是 $M$ 的界. 思想是先证明对任何给定的分划 $D$, 随机过程 $M^2 - T^D(M)$ 是鞅, 也就是说, 它在空间 $H^2$ 中, 然后证明鞅族

$$\{M^2 - T^D(M) : D \text{ 是 } [0, \infty) \text{ 上划分}\}$$

在空间 $H^2$ 中有唯一的极限点, 这说明 $T^D(M)$ 有极限, 然后证明极限满足所述性质. 最后利用局部化方法把结论推广到连续局部鞅场合.

注意在计算中, 下面的简单公式是很重要的: 对一个平方可积鞅 $M$ 以及任何 $t > s$, 有

$$\mathbb{E}[(M_t - M_s)^2 | \mathscr{F}_u] = \begin{cases} \mathbb{E}[M_t^2 - M_s^2 | \mathscr{F}_u], & s \geq u, \\ \mathbb{E}[M_t^2 - M_u^2 | \mathscr{F}_u] + (M_u - M_s)^2, & t > u > s. \end{cases} \quad (4.3.2)$$

**练习 4.3.5** 验证该等式.

(I) $M^2 - T^D(M)$ 是鞅.

容易验证对任何固定 $t > 0$ 和固定的划分 $D$, $T_t^D(M)$ 有界. 对任何 $t > s \geq 0$, 存在 $k$, 使 $t_k < s \leq t_{k+1}$, 利用 (4.3.2) 得

$$\mathbb{E}[T_t^D(M) | \mathscr{F}_s] = \sum_{i < k} (M_{t_{i+1}} - M_{t_i})^2 + \mathbb{E}[(M_{t_{k+1} \wedge t} - M_{t_k})^2 | \mathscr{F}_s]$$
$$+ \mathbb{E}\Big[\sum_{i > k}(M_{t_{i+1} \wedge t} - M_{t_i \wedge t})^2 | \mathscr{F}_s\Big]$$
$$= T_s^D(M) + \mathbb{E}[(M_{t_{k+1}}^2 - M_s^2) + \sum_{i > k}(M_{t_{i+1} \wedge t}^2 - M_{t_i \wedge t}^2) | \mathscr{F}_s]$$
$$= T_s^D + \mathbb{E}[M_t^2 - M_s^2 | \mathscr{F}_s],$$

即 $M^2 - T^D(M)$ 是一个连续鞅. 这个结论对 $M \in H^2$ 都成立.

(II) $T_t^D(M)$ 对于给定 $t$ 是有界的, 但不能断定是有界过程. 而它的二阶矩被一个与 $t$ 和 $D$ 都无关的常数控制.

事实上, 由 (I), $\mathbb{E}[T_t^D(M)] = \mathbb{E}(M_t^2 - M_0^2)$. 我们计算 $T_t^D(M)$ 的方差. 记

$s_i := t_i \wedge t$,

$$\mathbb{E}[T_t^D(M) - (M_t^2 - M_0^2)]^2 = \mathbb{E}\left[\sum_i ((M_{s_{i+1}} - M_{s_i})^2 - (M_{s_{i+1}}^2 - M_{s_i}^2))\right]^2$$

$$= \mathbb{E}\sum_i \left[(M_{s_{i+1}} - M_{s_i})^2 - (M_{s_{i+1}}^2 - M_{s_i}^2)\right]^2$$

$$= 4\mathbb{E}\left[\sum_i M_{s_i}^2 (M_{s_{i+1}} - M_{s_i})^2\right]$$

$$\leq 4K^2 \mathbb{E}[T_t^D(M)] = 4K^2 \mathbb{E}[M_t^2 - M_0^2] \leq 4K^4,$$

其中第二个等号需要证明交叉项的期望为零，这还是因为公式 (4.3.2)以及条件期望性质. 因此

$$\mathbb{E}[T_t^D(M)^2] \leq 4K^4 + (\mathbb{E}[T_t^D(M)])^2 \leq 5K^4.$$

(III) 如果 $\{D_n\}$ 是一个长度趋于零的分划列，那么 $M^2 - T^{D_n}(M)$ 是 $H^2$ 中的 Cauchy 列，也就是说

$$\lim_{n,m\to\infty} \mathbb{E}[(T_t^{D_n}(M) - T_t^{D_m}(M))^2] = 0. \tag{4.3.3}$$

现取其中两个分划 $D_n$ 与 $D_m$，用 $D'$ 表示两者合并后的分划，则因过程

$$T^{D_n}(M) - T^{D_m}(M)$$

是连续鞅，故由以上论证, 过程

$$(T_t^{D_n}(M) - T_t^{D_m}(M))^2 - T_t^{D'}(T^{D_n}(M) - T^{D_m}(M)), \ t \geq 0$$

是连续鞅且由初等不等式 $(a+b)^2 \leq 2(a^2 + b^2)$ 得

$$T_t^{D'}(T^{D_n}(M) - T^{D_m}(M)) \leq 2T_t^{D'}(T^{D_n}(M)) + 2T_t^{D'}(T^{D_m}(M)). \tag{4.3.4}$$

只需要证明 $\lim_n \mathbb{E}[T_t^{D'}(T^{D_n}(M))] = 0$ 就够了.

事实上，设 $D_n = \{t_i'\}$, $D' = \{s_i'\}$, 为了符号简单，再记 $t_i := t_i' \wedge t$, $s_i := s_i' \wedge t$, 这时对任何 $k$, 存在唯一的 $l$ 使得 $t_l \leq s_k \leq s_{k+1} \leq t_{l+1}$, 因此

$$T_{s_{k+1}}^{D_n}(M) - T_{s_k}^{D_n}(M) = (M_{s_{k+1}} - M_{t_l})^2 - (M_{s_k} - M_{t_l})^2$$

$$= (M_{s_{k+1}} - M_{s_k})(M_{s_{k+1}} + M_{s_k} - 2M_{t_l}),$$

## 4.3 二次变差过程

从而

$$T_t^{D'}(T^{D_n}(M)) = \sum_k (T_{s_{k+1}}^{D_n}(M) - T_{s_k}^{D_n}(M))^2$$

$$\leq T_t^{D'}(M) \cdot \sup_k (M_{s_{k+1}} + M_{s_k} - 2M_{t_l})^2,$$

由 Cauchy-Schwarz 不等式与 (II) 可知,

$$\{\mathbb{E}[T_t^{D'}(T^{D_n}(M))]\}^2 \leq \mathbb{E}[T_t^{D'}(M)]^2 \cdot \mathbb{E}\left[\sup_k (M_{s_{k+1}} + M_{s_k} - 2M_{t_l})^4\right]$$

$$\leq 5K^4 \mathbb{E}\left[\sup_k (M_{s_{k+1}} + M_{s_k} - 2M_{t_l})^4\right].$$

当 $n \to \infty$ 时, $s_{k+1}$ 与 $s_k$ 都趋于 $t_l$, 故由 $M$ 的在 $[0,t]$ 上的一致连续性知

$$\sup_k (M_{s_{k+1}} + M_{s_k} - 2M_{t_l})^4$$

的极限是零且被常数 $4K^4$ 控制, 由有界收敛定理推出

$$\lim_{|D| \to 0} \mathbb{E}\left[\sup_k (M_{s_{k+1}} + M_{s_k} - 2M_{t_l})^4\right] = 0.$$

因此 (4.3.4) 式从而 (4.3.3) 式成立.

(IV) $M$ 有连续递增的二次变差过程 $A$, 且 $M^2 - A$ 是鞅.

现在 $\{M^2 - T^{D_n}(M)\}$ 是 $H^2$ 中的一个 Cauchy 列, 由定理 4.2.1, 它在 $H^2$ 中有极限, 记为 $N$. 再记 $A = M^2 - N$. 因此对任何 $t \geq 0$, $T_t^{D_n}(M)$ 是 $L^2$ 故而也是依概率收敛于 $A_t$ 且 $M^2 - A = N$ 是一个鞅.

现在不妨设 $D_n$ 是越来越细的划分列 (为何). 因 $T_0^{D_n}(M) = 0$ a.s., 故 $A_0 = 0$ a.s. 另外对任何 $t > s$, $s, t \in \bigcup_n D_n$, 存在充分大 $n$, 使得

$$T_t^{D_n}(M) \geq T_s^{D_n}(M), \text{ a.s.}$$

因此 $A_t \geq A_s$ a.s., 由 $A$ 的连续性以及 $\bigcup_n D_n$ 的稠密性推出 $A$ 是一个连续增过程. 由唯一性, $A$ 与 $\{D_n\}$ 的选取无关, 这样定理对有界连续鞅成立.

如果 $M$ 有界, $\langle M \rangle$ 是二次变差过程, 即 $M^2 - \langle M \rangle$ 是连续鞅. 取任意停时 $\tau$ 去停止它, 得 $[M^\tau]^2 - \langle M \rangle^\tau$ 是连续鞅, 由唯一性可知 $\langle M \rangle'$ 是 $M^\tau$ 的二次变差, 即有

$$\langle M^\tau \rangle = \langle M \rangle^\tau. \tag{4.3.5}$$

现在设 $M$ 是一个局部鞅,取其一个局部化序列 $\{\tau_n\}$,则由 (4.3.5) 可知 $\langle M^{\tau_n} \rangle$ 与 $\langle M^{\tau_{n+1}} \rangle$ 在时间 $\tau_n$ 前是一样的. 对任意 $t \geq 0$, 记

$$\langle M \rangle_t = \lim_{n \to \infty} \langle M^{\tau_n} \rangle_t.$$

容易验证 $\langle M \rangle$ 是一个从零出发的连续增过程且 $\langle M \rangle^{\tau_n} = \langle M^{\tau_n} \rangle$, 因此 $M^2 - \langle M \rangle$ 是一个连续局部鞅.

(V) 现在需要证明上面定义的 $\langle M \rangle$ 确实是连续局部鞅 $M$ 的二次变差过程. 对任何 $t \geq 0$, 当 $k \longrightarrow \infty$ 时,

$$T_t^{D_k}(M^{\tau_n}) \xrightarrow{\mathrm{P}} \langle M \rangle_t^{\tau_n}.$$

现在任取 $\varepsilon > 0$, 对任何 $n \geq 1$ 有

$$\lim_{k \to \infty} \mathbb{P}(|T_t^{D_k}(M) - \langle M \rangle_t| > \varepsilon)$$
$$\leq \lim_k \mathbb{P}(|T_t^{D_k}(M) - \langle M \rangle_t| > \varepsilon, t < \tau_n) + \mathbb{P}(t \geq \tau_n)$$
$$\leq \lim_k \mathbb{P}(|T_t^{D_k}(M^{\tau_n}) - \langle M \rangle_t^{\tau_n}| > \varepsilon) + \mathbb{P}(t \geq \tau_n)$$
$$= \mathbb{P}(t \geq \tau_n),$$

而 $\lim_n \mathbb{P}(t \geq \tau_n) = 0$, 推出 $T_t^{D_k}(M) \xrightarrow{\mathrm{P}} \langle M \rangle_t$.

(VI) 最后证明: 如果 $M$ 是连续平方可积鞅, 那么 $M^2 - \langle M \rangle$ 是鞅. 先证明 $\langle M \rangle$ 可积, 取局部化序列 $\{\tau_n\}$, 使得 $(M^2 - \langle M \rangle)^{\tau_n}$ 是鞅, 那么由下鞅的 Doob 停止定理,

$$\mathbb{E}\langle M \rangle_t = \lim_n \mathbb{E}\langle M \rangle_{t \wedge \tau_n} = \lim_n \mathbb{E}[M_{t \wedge \tau_n}^2] \leq \mathbb{E}[M_t^2].$$

因为 $\langle M \rangle$ 递增, 故它是类 (DL) 的. 下面只需证 $M^2$ 也是类 (DL) 的. 由 Doob 极大不等式

$$\mathbb{E}[\max_{s \in [0,t]} M_s^2] \leq 4\mathbb{E}[M_t^2],$$

而随机变量族 $\{M_{t \wedge \tau}^2 : \tau\}$ 被可积随机变量 $\max_{s \in [0,t]} M_s^2$ 控制, 因此 $M^2$ 也是类 (DL) 的. $\square$

定理中给出的刻画非常重要, 它使得我们不必总是通过取分划上的平方和的极限的方法来算鞅的二次变差, 比如定理 4.2.2 实际上说

$$\langle F.B \rangle_t = \int_0^t F_s^2 \mathrm{d}s.$$

## 4.3 二次变差过程

对任何连续局部鞅 $M, N$, 定义

$$\langle M, N \rangle := \frac{1}{4}(\langle M+N \rangle - \langle M-N \rangle),$$

称它是 $M, N$ 的协变差过程, 显然 $\langle M \rangle = \langle M, M \rangle$. 并且有下面定理.

**定理 4.3.3** 对任何 $t \geq 0$, 当分划 $\{t_i\}$ 趋于零时,

$$\sum_i (X_{t_{i+1} \wedge t} - X_{t_i \wedge t})(Y_{t_{i+1} \wedge t} - Y_{t_i \wedge t}) \xrightarrow{\mathrm{P}} \langle X, Y \rangle_t. \tag{4.3.6}$$

$\langle M, N \rangle$ 是满足下面两个条件的唯一的连续有界变差过程:

(1) $\langle M, N \rangle_0 = 0$;

(2) $MN - \langle M, N \rangle$ 是连续局部鞅.

**练习 4.3.6** 证明定理 4.3.3.

二次协变差有下列简单的性质: 设 $M, N, M_1, M_2$ 是连续局部鞅, 则

(1) (对称性) $\langle M, N \rangle = \langle N, M \rangle$;

(2) 如果 $a, b$ 是常数, 则 $\langle aM_1 + bM_2, N \rangle = a\langle M_1, N \rangle + b\langle M_2, N \rangle$;

(3) $|\langle M, N \rangle|^2 \leq \langle M \rangle \langle N \rangle$.

下面的定理在局部化时是非常重要的.

**定理 4.3.4** 设 $M, N$ 是连续局部鞅, $\tau$ 是停时, 则

$$\langle M^\tau, N^\tau \rangle = \langle M, N \rangle^\tau = \langle M, N^\tau \rangle.$$

证明. 不妨假设 $M, N$ 都是有界的. 因为 $MN - \langle M, N \rangle$ 是鞅, 故 $M^\tau N^\tau - \langle M, N \rangle^\tau$ 也是鞅, 即第一个等号成立. 下面我们需验证 $M^\tau N^\tau - \langle M, N^\tau \rangle$ 是鞅, 等价于证明 $M^\tau N^\tau - MN^\tau$ 是鞅, 因为 $MN^\tau - \langle M, N^\tau \rangle$ 是鞅. 对任何有界停时 $\sigma$,

$$\mathbb{E}(M_\sigma N_{\tau \wedge \sigma}) = \mathbb{E}(N_{\tau \wedge \sigma} \mathbb{E}(M_\sigma | \mathscr{F}_{\tau \wedge \sigma})) = \mathbb{E}(N_{\tau \wedge \sigma} M_{\tau \wedge \sigma}),$$

即说明 $\mathbb{E}[(M^\tau N^\tau - MN^\tau)_\sigma] = 0$, 由定理 2.3.4 推出 $M^\tau N^\tau - MN^\tau$ 是鞅. 一般情况利用局部化序列容易验证. 实际上第二个等号由 (4.3.6) 式更为显然. □

**例 4.3.1** 若 $B = (B^{(1)}, \cdots, B^{(d)})$ 是 $d$- 维 Brown 运动, 首先由定理 3.5.1 推出 $\langle B^{(i)} \rangle_t = t$. 下面我们证明当 $i \neq j$ 时, $\langle B^{(i)}, B^{(j)} \rangle = 0$. 只需验证 $B^{(i)} B^{(j)}$ 是鞅就足够了. 事实上, 对 $t > s$, 由鞅性与独立性得

$$\mathbb{E}[B_t^{(i)} B_t^{(j)} - B_s^{(i)} B_s^{(j)} | \mathscr{F}_s] = \mathbb{E}[(B_t^{(i)} - B_s^{(i)})(B_t^{(j)} - B_s^{(j)}) | \mathscr{F}_s]$$
$$= \mathbb{E}[(B_t^{(i)} - B_s^{(i)})(B_t^{(j)} - B_s^{(j)})] = 0.$$

因此 $\langle B^{(i)}, B^{(j)} \rangle = \varepsilon_{i,j} t$.

一般地, 如果 $M, N$ 是独立的连续局部鞅, 则 $\langle M, N \rangle \equiv 0$. 这里不妨设它们是有界鞅来证明, 读者可自己用局部化方法证明一般情况. 上面的方法是没有用的, 因为一般的鞅没有独立增量性. 因此我们用定义来验证. 设 $D = \{t_i\}$ 是 $[0,t]$ 的划分. 由鞅性与独立性,

$$\mathbb{E}\left(\sum_i (M_{t_i} - M_{t_{i-1}})(N_{t_i} - N_{t_{i-1}})\right)^2$$
$$= \mathbb{E}\sum_i (M_{t_i} - M_{t_{i-1}})^2 (N_{t_i} - N_{t_{i-1}})^2$$
$$\leq \mathbb{E}\left[T_t^D(M) \sup_i (N_{t_1} - N_{t_{i-1}})^2\right]$$
$$\leq \sqrt{\mathbb{E}[(T_t^D(M))^2] \cdot \mathbb{E}[\sup_i (N_{t_i} - N_{t_{i-1}})^4]},$$

由定理 4.3.2 的证明中的 (II) 推出 $\mathbb{E}[(T_t^D(M))^2]$ 右边乘积的第一项被一个与 $D$ 无关的常数控制, 而轨道连续性推出乘积的第二项极限为零, 故 $M, N$ 在 $D$ 上的协变差的极限是零, 即 $\langle M, N \rangle = 0$. ∎

**练习 4.3.7** 用局部化方法证明一般情况. 注意局部化序列的取法保持独立性.

设 $M$ 是连续局部鞅, 写 $M_t^2 = (M_t^2 - \langle M \rangle_t) + \langle M \rangle_t$, 即 $M^2$ 可唯一分解为一个连续局部鞅与一个连续增过程的和. 关于这个定理, 我们现在给出的叙述和证明都需要利用局部化的概念. 如果把 $M$ 限制在连续平方可积鞅的情况, 那么是不是会有一个不需要动用局部化方法的直接证明呢? 实际上, 这个结果是著名的 Doob-Meyer 分解的一个特例, Doob-Meyer 分解远比上面证明的定理强大, 证明自然也更为困难, 它是说一个 (类 D 的) 右连续下鞅可被唯一地分解为一个右连续鞅与一个自然增过程的和, 它是现代随机分析的主要基石.

## 4.4 连续鞅的随机积分

前面已经定义了关于 Brown 运动的经典随机积分, 在这节中, 我们将一步步地把它扩张到关于连续半鞅的随机积分, 这已经可以说是通常积分的推广.

### 4.4.1 关于连续平方可积鞅的随机积分

类似地, 我们可以应用定义关于 Brown 运动的 Itô 积分的过程来定义关于连续平方可积鞅的 Itô 积分. 关于连续平方可积鞅的积分的定义程序如下: 对于连续平方可积鞅 $M$ 和满足一定可积条件的适应过程 $F$, 存在唯一的平方可积鞅, 记为 $F.M$, 使得对任何连续平方可积鞅 $N$ 有

$$\langle F.M, N\rangle_t = \int_0^t F_s \mathrm{d}\langle M, N\rangle_s.$$

这个刻画非常重要, 是联系通常积分和随机积分的纽带.

事实上, 设 $M \in H^2$ 且 $F = (F_t)_{t\geq 0}$ 是个简单过程

$$F_t = f 1_{\{0\}}(t) + \sum_i f_i 1_{(t_i, t_{i+1}]}(t),$$

定义

$$I^M(F) = \sum_{i=0}^{\infty} f_i \cdot (M_{t\wedge t_{i+1}} - M_{t\wedge t_i}).$$

类似于 Brown 运动, 我们有下面三个重要性质.

**定理 4.4.1** (1) $I^M(F) \in H^2$;

(2) 括号过程 $\langle I^M(F)\rangle_t = \int_0^t F_s^2 \mathrm{d}\langle M\rangle_s$, 即 $I^M(F)_t^2 - \int_0^t F_s^2 \mathrm{d}\langle M\rangle_s$ 是个鞅;

(3) (Itô 等距) 对任何 $T > 0$, 我们有

$$\mathbb{E}\left(\int_0^T F_t \mathrm{d}M_t\right)^2 = \mathbb{E}\int_0^T F_t^2 \mathrm{d}\langle M\rangle_t.$$

为了证明这些性质, 先叙述一个引理.

**引理 4.4.1** 设 $M = (M_t)_{t\geq 0}$ 是个连续平方可积鞅, $s < l \leq u < v$, $f \in \mathscr{F}_s, g \in \mathscr{F}_t$, 都有界, 那么

$$\mathbb{E}[g(M_v - M_u)(M_t - M_s)|\mathscr{F}_s] = 0,$$

且
$$\mathbb{E}\left[f(M_t - M_s)^2 | \mathscr{F}_s\right] = \mathbb{E}\left[f(\langle M \rangle_t - \langle M \rangle_s) | \mathscr{F}_s\right].$$

**证明.** 由条件期望的性质

$$\begin{aligned}
&\mathbb{E}\left[g(M_v - M_u)(M_t - M_s) | \mathscr{F}_s\right] \\
&= \mathbb{E}\left\{\mathbb{E}\left[g(M_v - M_u)(M_t - M_s) | \mathscr{F}_u\right] | \mathscr{F}_s\right\} \\
&= \mathbb{E}\left\{g(M_t - M_s)\mathbb{E}[M_v - M_u | \mathscr{F}_u] | \mathscr{F}_s\right\} \\
&= 0.
\end{aligned}$$

第二个等式很简单, 因为 $f \in \mathscr{F}_s$, 故可以被移出条件期望, 再应用定理 4.3.2 知 $M^2 - \langle M \rangle$ 是鞅即可. □

现在来验证定理的结论. 作为例子, 我们来证明关键的第二条性质. 固定 $t > s > 0$, 如果需要, 我们总可以把 $t, s$ 加入分点中, 故设存在 $j, k$ 使得 $t_k = t, t_j = s$. 由引理得

$$\begin{aligned}
\mathbb{E}[(I^M(F)_t^2 - I^M(F)_s^2) | \mathscr{F}_s] &= \mathbb{E}[(I^M(F)_t - I^M(F)_s)^2 | \mathscr{F}_s] \\
&= \mathbb{E}\left[\sum_{i=j}^{k-1} F_{t_i}^2 (M_{t_{i+1}} - M_{t_i})^2 | \mathscr{F}_s\right] \\
&= \mathbb{E}\left[\sum_{i=j}^{k-1} F_{t_i}^2 (M_{t_{i+1}}^2 - M_{t_i}^2) | \mathscr{F}_s\right] \\
&= \mathbb{E}\left[\sum_{i=j}^{k-1} F_{t_i}^2 (\langle M \rangle_{t_{i+1}} - \langle M \rangle_{t_i}) | \mathscr{F}_s\right] \\
&= \mathbb{E}\left[\int_s^t F_u^2 \mathrm{d}\langle M \rangle_u\right].
\end{aligned}$$

**定义 4.4.1** 一个随机过程 $F = (F_t)_{t \geq 0}$ 被称为属于 $\mathscr{L}^2(M)$, 如果存在一个简单过程序列 $\{F_t^{(n)}\}$, 使得对任意固定时间 $T > 0$, 当 $n$ 趋于无穷时, 有

$$\mathbb{E}\left\{\int_0^T |F_t^{(n)} - F_t|^2 \mathrm{d}\langle M \rangle_t\right\} \to 0.$$

换句话说, $\mathscr{L}^2(M)$ 是所有简单过程在范数

$$\|F\|_{\mathscr{L}^2(M)} = \left\{\mathbb{E}\left(\int_0^T F_t^2 \mathrm{d}\langle M \rangle_t\right)\right\}^{\frac{1}{2}}$$

## 4.4 连续鞅的随机积分

下的的完备化, 它当然依赖于时间 $T$ 与鞅 $M \in H^2$, 因此 $\mathscr{L}^2(M)$ 是个 Banach 空间. 事实上, 上面的范数是由内积诱导的, 因此 $\mathscr{L}^2(M)$ 是个 Hilbert 空间.

如果 $F \in \mathscr{L}^2(M)$, 且 $\{F^{(n)}\}$ 是使得 $\|F - F^{(n)}\|_{\mathscr{L}^2(M)} \to 0$ 的一个简单过程序列, 由 Itô 等距推出 $\{I^M(F^{(n)}) : n \geq 1\}$ 是 $H^2$ 中的 Cauchy 列. 再由完备性推出其极限存在, 定义为
$$I^M(F) := \lim_{n \to \infty} I^M(F^{(n)}).$$
我们用 $F.M$ 或者 $\int_0^t F_s dM_s$ 直观地表示 $I^M(F)$. 有下面的定理.

**定理 4.4.2** 设 $F \in \mathscr{L}^2(M)$, 那么

(1) $I^M(F) \in H^2$;

(2) (Itô 等距) 对任何 $T > 0$, 我们有
$$\mathbb{E}\left(\int_0^T F_t dM_t\right)^2 = \mathbb{E}\int_0^T F_t^2 d\langle M \rangle_t.$$

比上面定理中所说的 Itô 等距更一般的是以下定理.

**定理 4.4.3** 设 $M, N \in H^2$ 且 $F \in \mathscr{L}^2(M), G \in \mathscr{L}^2(N)$. 则
$$\mathbb{E}\left\{\left(\int_0^T F_t dM_t\right)\left(\int_0^T G_t dN_t\right)\right\} = \mathbb{E}\int_0^T F_t G_t d\langle M, N\rangle_t, \quad (4.4.1)$$
而且 $F$ 关于 $M$ 的随机积分 $F.M$ 由下列性质唯一刻画: $F.M \in H^2$ 且对任何 $N \in H^2$ 有
$$\mathbb{E}\langle F.M, N\rangle_T = \mathbb{E}[(F.M)_T N_T] = \mathbb{E}\int_0^T F_s d\langle M, N\rangle_s. \quad (4.4.2)$$

唯一刻画性质是显然的. 对于 (4.4.1) 的证明, 先假设 $F, G$ 是简单过程证明之 (练习), 然后对一般的 $F, G$, 取极限分别是 $F$ 和 $G$ 的简单过程列 $F^{(n)}$ 和 $G^{(n)}$, 那么 $F^{(n)}.M$ 与 $G^{(n)}.N$ 的极限分别是 $F.M$ 和 $G.N$, 因此左边的收敛没有问题, 而右边的收敛需要一个著名的不等式, 我们将在下一节介绍, 定理的证明也要放到下一节.

**定理 4.4.4** 实际上, 刻画式 (4.4.2) 等价于更强更简单的断言: $F.M \in H^2$ 且对任何 $N \in H^2$, 随机过程
$$\left(F.M_t N_t - \int_0^t F_s d\langle M, N\rangle_s : t \in [0, T]\right)$$

是鞅, 或者说

$$\langle F.M, N\rangle_t = \int_0^t F_s \mathrm{d}\langle M, N\rangle_s. \tag{4.4.3}$$

证明. 要证明这个事实, 应用定理 2.3.4, 只需验证 (4.4.2) 中的 $T$ 用有界停时代替也一样成立就可以了, 这看上去有点不可能, 但实际上因为 (4.4.2) 是对于所有的连续平方可积鞅 $N$ 成立, 故若取任何有界停时 $\tau \leq T$, $N^\tau$ 也是平方可积鞅, 应用定理 4.3.4 有

$$\begin{aligned} \mathbb{E}[K_\tau N_\tau] &= \mathbb{E}[N_\tau \mathbb{E}[K_T|\mathscr{F}_\tau]] = \mathbb{E}[K_T N_T^\tau] \\ &= \mathbb{E}\int_0^T F_t \mathrm{d}\langle M, N^\tau\rangle_t \\ &= \mathbb{E}\int_0^T F_t \mathrm{d}\langle M, N\rangle_t^\tau \\ &= \mathbb{E}\int_0^\tau F_t \mathrm{d}\langle M, N\rangle_t. \end{aligned}$$

尽管 (4.4.2) 与 (4.4.3) 等价而且更简单, 但我们还是喜欢用后者, 因为后者具有可推广性. □

如果对任意有界变差过程 $V$, 用类似的记号 $F.V$ 表示积分过程

$$(F.V)_t(\omega) = \int_0^t F_s(\omega) \mathrm{d}V_s(\omega),$$

那么上面的 (4.4.2) 可以写成为

$$\mathbb{E}\langle F.M, N\rangle_T = \mathbb{E} F.\langle M, N\rangle_T, \tag{4.4.4}$$

右边 $F.\langle M, N\rangle_T$ 是指区间 $[0, T]$ 上 $F$ 关于 $\langle M, N\rangle$ 的积分. 注意它的左边是随机积分, 而右边是通常积分, 故它的意义是把随机积分用通常积分来刻画. 通过这个刻画, 我们可以将许多通常积分的性质搬到随机积分上去.

**推论 4.4.1** 设 $M \in H^2$.

(1) 若 $G \in \mathscr{L}^2(F.M)$, 则 $G.(F.M) = (GF).M$;

(2) 若 $F, G \in \mathscr{L}^2(M)$, 则 $(G+F).M = G.M + F.M$;

(3) 设 $\sigma$ 是停时, 那么 $(F.M)^\sigma = F.M^\sigma = F^\sigma.M^\sigma$.

## 4.4 连续鞅的随机积分

证明. 显然上面所说的两个性质当 $M$ 是有界变差过程时是成立的. 现在对任何 $N \in H^2$,

$$\mathbb{E}\langle G.(F.M), N\rangle_T = \mathbb{E}G.\langle F.M, N\rangle_T$$
$$= \mathbb{E}G.F.\langle M, N\rangle_T = \mathbb{E}GF.\langle M, N\rangle_T.$$

类似地有

$$\mathbb{E}\langle (F.M)^\sigma, N\rangle_T = \mathbb{E}\langle F.M, N\rangle_T^\sigma = \mathbb{E}(F.\langle M, N\rangle)_T^\sigma$$
$$= \mathbb{E}F.\langle M, N\rangle_T^\sigma = \mathbb{E}F.\langle M^\sigma, N\rangle_T,$$

由上面的随机积分刻画定理推出 1 与 3 的第一个等号成立, 2 与 3 的第二个等号类似证明. □

### 4.4.2 Kunita-Watanabe 不等式

除了 Itô 的经典定义, Kunita-Watanabe 的不等式可以给出另外一种更直接的定义, 他们的思想是在 $H^2$ 上定义一个有界线性泛函, 然后利用 Riesz 表示定理来定义出随机积分. 设 $M \in H^2$, $F \in \mathscr{L}^2(M)$, 对任何 $N \in H^2$, 定义泛函

$$\phi(N) := \mathbb{E}\left(\int_0^T F_t \mathrm{d}\langle M, N\rangle_t\right), \tag{4.4.5}$$

如果能够证明 $\phi$ 是 $H^2$ 上的有界线性泛函, 那么由 Riesz 表示定理推出, 它有一个唯一的表示, 记为 $K \in H^2$, 满足

$$\phi(N) = \mathbb{E}[N_T \cdot K_T],$$

即对任何 $N \in H^2$, 有

$$\mathbb{E}[N_T K_T] = \mathbb{E}\int_0^T F_t \mathrm{d}\langle M, N\rangle, \tag{4.4.6}$$

那么 $K$ 就是前一节中定义的随机积分 $F.M$, 因为它恰是定理 4.4.3 中的刻画.

**定理 4.4.5** 线性泛函 $\phi$ 的表示恰是随机积分 $F.M$.

最后还需要一个重要的不等式说明线性泛函 $\phi$ 的有界性. 首先由协变差过程的定义和 Cauchy-Schwarz 不等式, 在几乎所有样本轨道上有

$$|\langle M, N\rangle_t - \langle M, N\rangle_s|^2 \le (\langle M\rangle_t - \langle M\rangle_s)(\langle N\rangle_t - \langle N\rangle_s); \tag{4.4.7}$$

那么对于简单过程 $F, G$, 几乎处处地有

$$\left|\int_0^T F_s G_s \mathrm{d}\langle M, N\rangle_s\right|^2 \leq \int_0^T F_s^2 \mathrm{d}\langle M\rangle_s \int_0^T G_s^2 \mathrm{d}\langle N\rangle_s. \tag{4.4.8}$$

取极限推出不等式对于可测的随机过程 $F, G$ 成立. 这个不等式与概率无关, 因为它是对轨道成立的. 对这个不等式取期望, 再应用 Cauchy-Schwarz 不等式推出下面的不等式, 它被称为 Kunita-Watanabe 不等式:

$$\mathbb{E}\left|\int_0^T F_s G_s \mathrm{d}\langle M, N\rangle_s\right| \leq \left\{\mathbb{E}\left(\int_0^T F_s^2 \mathrm{d}\langle M\rangle_s\right)\mathbb{E}\left(\int_0^T G_s^2 \mathrm{d}\langle N\rangle_s\right)\right\}^{1/2}. \tag{4.4.9}$$

用之于 $\phi$ 得

$$|\phi(N)| \leq \|F\|_{\mathscr{L}^2(M)} \cdot \|N\|_{H^2}. \tag{4.4.10}$$

最后, 这个不等式正好可以完成定理 4.4.3 的证明中需要完成的极限过程 (留作练习). 通常我们把此公式作为随机积分的刻画.

**练习 4.4.1** 证明 (4.4.7).

### 4.4.3 扩展至连续局部鞅

前面关于平方可积鞅的积分理论很漂亮, 但是对于过程 $F$ 和 $M$ 限制较多. 下面我们将 Itô 积分扩展至局部有界过程关于连续局部鞅的积分, 这非常必要. 设 $M = (M_t)_{t \geq 0}$ 是初值为零的连续局部鞅, 那么我们可以选择停时序列 $\{\tau_n\}$ 使得 $\tau_n \uparrow \infty$ a.s. 且对任何 $n$, $M^{\tau_n} = (M_{t \wedge \tau_n})_{t \geq 0}$ 是初值零的连续平方可积鞅 (如果必要, 甚至可以是有界的).

设 $F = (F_t)_{t \geq 0}$ 是适应过程, 且存在停时列 $\{\sigma_n\}$, 使得 $\sigma_n \uparrow +\infty$ 且对任何 $n$, $F^{\sigma_n}$ 有界, 例如 $|F^{\sigma_n}| \leq C_n$. 这时我们说 $F$ 是局部有界的. 显然连续的, 或左连右极, 或右连左极的适应过程是局部有界的.

定义 $\tilde{\tau}_n = \tau_n \wedge \sigma_n$, 那么 $\tilde{\tau}_n \uparrow \infty$ a.s., 且对任何 $n$, $M^{\tilde{\tau}_n} \in H^2$. 令

$$F_t^{(n)} = F_t 1_{\{t \leq \tilde{\tau}_n\}}.$$

显然

$$\int_0^\infty (F_s^{(n)})^2 \mathrm{d}\langle M\rangle_s = \int_0^{\tilde{\tau}_n} F_s^2 \mathrm{d}\langle M\rangle_s \leq C_n^2 \langle M\rangle^{\tilde{\tau}_n},$$

## 4.4 连续鞅的随机积分

那么 $F^{(n)} \in \mathscr{L}^2(M^{\tilde{\tau}_n})$. 我们可以定义

$$(F.M)_t = \int_0^t F_s^{(n)} dM_s^{\tilde{\tau}_n} \quad \text{若 } t \leq \tilde{\tau}_n \uparrow \infty,$$

称为 $F$ 关于连续局部鞅的 Itô 积分. 可以证明 $F.M$ 的定义是无歧义的且不依赖于停时列 $\{\tilde{\tau}_n\}$ 的选择. 事实上, 由推论 4.4.1 知对任何停时 $\sigma \leq \tau$, 有

$$F^\sigma . M^\sigma = (F^\tau . M^\tau)^\sigma. \tag{4.4.11}$$

故若 $t \leq \tilde{\tau}_n$, 则

$$\int_0^t F_s^{(n+1)} dM^{\tilde{\tau}_{n+1}} = \int_0^{t \wedge \tilde{\tau}_n} F_s^{(n+1)} dM^{\tilde{\tau}_{n+1}}$$
$$= \int_0^t F_s^{(n)} dM^{\tilde{\tau}_n}.$$

由定义, $F.M$ 与

$$(F.M)_t^2 - \int_0^t F_s^2 d\langle M \rangle_s$$

都是初值零的连续局部鞅. 而且与定理 4.4.3 一样可以证明, $F.M$ 是由下面性质刻画的唯一连续局部鞅: 对任何连续局部鞅 $N$, 有

$$\langle F.M, N \rangle = F.\langle M, N \rangle. \tag{4.4.12}$$

除了这些, 下面这个定理给出了随机积分的控制收敛定理且证明了随机积分仍然是 (左端点) Riemann 和的极限, 但是是依概率收敛的极限. 这个收敛定理在证明 Itô 公式时也是有用的.

**定理 4.4.6** 设 $M$ 是连续局部鞅, $\{F^{(n)}\}$ 是在每个 $t$ 处几乎处处收敛于零的局部有界过程列并且被一个局部有界适应过程 $F$ 控制, 则 $(F^{(n)}.M)$ 在任何有界区间上依概率一致地收敛到零. 特别地, 如果 $F$ 是局部有界的左连续适应过程, 则对任何 $t \geq 0$, 当 $[0,t]$ 上的分划 $D = \{t_i\}$ 的长度趋于零时, 随机积分 $(F.M)_t$ 是 Riemann-Stieltjes 和

$$\sum_i F_{t_i}(M_{t_{i+1}} - M_{t_i})$$

依概率收敛的极限.

**证明.** 我们先假设 $F$ 和 $M$ 是有界过程. 这时 $F^{(n)} \in \mathscr{L}^2(M)$ 并且由 Lebesgue 控制收敛定理, 它按 $\mathscr{L}^2(M)$ 中的度量收敛到零. 因随机积分是连续映射, 故 $F^{(n)}.M$

按 $H^2$ 中的度量收敛于零, 然后由 Doob 鞅不等式推出 $(F^{(n)}.M)$ 在任何有界区间上依概率一致地收敛到零.

一般地, 由局部化方法, 我们只需证明对任何过程列 $X^{(n)}$, 如果存在趋于无穷的停时列 $\{\tau_k\}$, 使得对任何 $k$, $(X^{(n)})^{\tau_k}$ 在有限区间上依概率一致地收敛于 $0$, 那么 $X^{(n)}$ 也在有限区间上依概率一致地收敛于 $0$. 事实上, 对任何 $\varepsilon > 0$,

$$\mathbb{P}(\max_{s\in[0,t]}|X_s^{(n)}|>\varepsilon) \leq \mathbb{P}(\max_{s\in[0,t]}|X_s^{(n)}|>\varepsilon, \tau_k\geq t) + \mathbb{P}(\tau_k\leq t)$$
$$\leq \mathbb{P}(\max_{s\in[0,t]}|(X^{(n)})_s^{\tau_k}|>\varepsilon) + \mathbb{P}(\tau_k\leq t),$$

因此

$$\overline{\lim}_n \mathbb{P}(\max_{s\in[0,t]}|X_s^{(n)}|>\varepsilon) \leq \mathbb{P}(\tau_k\leq t).$$

而 $\tau_k \uparrow +\infty$ a.s., 故有 $\lim_n \mathbb{P}(\max_{s\in[0,t]}|X_s^{(n)}|>\varepsilon) = 0$.

对后一个结论, 因为 $F$ 局部有界左连续, 故 $F$ 是阶梯过程列

$$F^D = F_0 1_{\{0\}} + \sum_{i=1}^n F_{t_{i-1}} 1_{(t_{i-1},t_i]}$$

的几乎处处收敛的极限, 先假设 $F$ 有界, 利用上面的结果证明结论成立, 然后再利用局部化方法证明 $F$ 局部有界时结论也成立. □

### 4.4.4 扩展至连续半鞅

最后我们将把随机积分理论扩展至最有用的半鞅类. 一个适应连续随机过程 $X = (X_t)_{t\geq 0}$ 是个连续半鞅, 如果 $X$ 具有分解

$$X_t = M_t + V_t,$$

其中 $(M_t)_{t\geq 0}$ 是连续局部鞅, $(V_t)_{t\geq 0}$ 是初值零的连续适应有界变差过程. 由定理 4.3.1, 这个分解是唯一的, 称为 $X$ 的半鞅分解. 半鞅的空间是线性空间, 我们在后面可以看到, 半鞅对乘积封闭 (分部积分公式), 也对二次可微函数的复合封闭 (Itô 公式).

如果 $g$ 是 $[0,+\infty)$ 上的连续函数, 在任何有界区间上有界变差

$$\sup_D \sum_l |g(t_l) - g(t_{l-1})| < +\infty,$$

## 4.4 连续鞅的随机积分

其中 $D$ 取遍 $[0,t]$ 的任何有限分划 (对任何固定的 $t \geq 0$), 那么对 $[0,\infty)$ 上任何 Borel 可测函数 $f$,

$$\int_0^t f(s)\mathrm{d}g(s)$$

被理解为 Lebesgue-Stieltjes 积分. 如果更多地, $s \to f(s)$ 是左连续的, 那么

$$\int_0^t f(s)\mathrm{d}g(s) = \lim_{|D|\to 0} \sum_l f(t_{l-1})(g(t_l) - g(t_{l-1})),$$

右边作为 Riemann-Stieltjes 和的极限存在. 因此, 如果 $V = (V_t)_{t\geq 0}$ 是个连续有界变差过程, $F$ 是左连续过程, 那么

$$\int_0^t F_s \mathrm{d}V_s$$

是一个按轨道以 Riemann-Stieltjes 积分意义定义的随机过程:

$$\left(\int_0^t F_s \mathrm{d}V_s\right)(\omega) \equiv \int_0^t F_s(\omega)\mathrm{d}V_s(\omega)$$
$$= \lim_{|D|\to 0} \sum_l F_{t_{l-1}}(\omega)(V_{t_l}(\omega) - V_{t_{l-1}}(\omega)).$$

如果 $(F_t : t \geq 0)$ 是个左连续适应过程, 那么随机积分的定义可以显然的方式扩展至连续半鞅, 即

$$\int_0^t F_s \mathrm{d}X_s = \int_0^t F_s \mathrm{d}M_s + \int_0^t F_s \mathrm{d}V_s,$$

其中右边第一项是相对于连续局部鞅的 Itô 积分, 它也是连续局部鞅, 由定理 4.4.6, 它是取左端点值的 Riemann-Stieltjes 和依概率收敛的极限; 第二项是通常积分, 是 Riemann-Stieltjes 和几乎处处收敛的极限. 由此在依概率收敛的意义下, 我们有

$$\int_0^t F_s \mathrm{d}X_s = \lim_{|D|\to 0} \sum_l F_{t_{l-1}} \left(X_{t_l} - X_{t_{l-1}}\right),$$

注意到这个极限一般不是几乎处处的, 即随机积分不能理解为按轨道来定义的. 另外连续半鞅的二次变差过程也是存在的.

**命题 4.4.1** 连续半鞅 $X = M + V$ 的二次变差过程 $\langle X \rangle$ 存在且 $\langle X \rangle = \langle M \rangle$.

证明. 对 $[0,t]$ 上任何分划 $D$, 有

$$T^D(X)_t = T^D(M)_t + T^D(V)_t + 2\sum_{i=1}^n (M_{t_i} - M_{t_{i-1}})(V_{t_i} - V_{t_{i-1}}),$$

当 $|D| \to 0$ 时,

$$\left|\sum_{i=1}^n (M_{t_i} - M_{t_{i-1}})(V_{t_i} - V_{t_{i-1}})\right| \le \max_i |M_{t_i} - M_{t_{i-1}}| \cdot \tilde{V}_t,$$

其中右边第一项因为 $M$ 连续故几乎处处趋于 0, 第二项 $\tilde{V}_t$ 是 $V$ 在 $[0,t]$ 上的全变差, 是几乎处处有限的. 因此右边是几乎处处趋于零, 也是依概率趋于零, 推出 $\langle M, V \rangle = 0$, 同理有 $\langle V \rangle = 0$. 从而命题的结论成立. □

由此推出连续半鞅 $X = M + V$ 与 $Y = N + W$ 的协变差存在且等于其鞅部分的协变差 $\langle X, Y \rangle = \langle M, N \rangle$.

## 4.5 习题与解答

1. 设 $M$ 是连续局部鞅. 证明: $M \equiv M_0$ 当且仅当 $\langle M \rangle \equiv 0$.

2. 设 $f$ 是 $[0,1]$ 上的值域为至多可列集的右连续函数, 那么 $f$ 是有界变差的当且仅当 $\sum_t |\Delta f(t)| < \infty$, 而 $f$ 有二次变差过程当且仅当 $\sum_t |\Delta f(t)|^2 < \infty$, 其中 $\Delta f(t) = f(t) - f(t-)$.

3. 仿照二次变差的定义, 对任何 $p > 0$, 称随机过程 $X$ 有有界 $p$ 次变差, 如果当分划长度趋于零时, $\sum_i |X_{t_{i+1} \wedge t} - X_{t_i \wedge t}|^p$ 依概率收敛. 记 $p$ 次变差过程为 $V^p(X)$. 设 $X$ 是连续局部鞅. 证明: 对 $p > 2$, $V^p(X) \equiv 0$; 对 $0 < p < 2$, 则在 $\{\langle X \rangle > 0\}$ 上, $V_t^p(X) = \infty$.

4. 设 $X$ 是一个连续平方可积鞅且有平稳独立增量, $X_0 = 0$. 证明: $\langle X \rangle_t = t \cdot \mathbb{E} X_1^2$.

5. 设 $Z$ 是有界随机变量, $A$ 是从 0 出发的有界连续增过程. 证明:

$$\mathbb{E}[ZA_\infty] = \mathbb{E}\left[\int_0^\infty \mathbb{E}(Z|\mathscr{F}_t)\mathrm{d}A_t\right].$$

6. 设 $M$ 是连续局部鞅. 证明: $M^2$ 具有二次变差过程且

$$\langle M^2 \rangle_t = 4\int_0^t M_s^2 \mathrm{d}\langle M \rangle_s.$$

7. 设 $M$ 是 Gauss 过程且是连续鞅, 证明: $\langle M \rangle$ 是确定性过程 (只与时间有关).

## 4.5 习题与解答

8. 设 $M$ 是连续局部鞅, $K \in L^2(M)$, $\xi$ 是 $\mathscr{F}_s$ 可测随机变量. 证明: 对 $t > s \geq 0$,
$$\int_s^t \xi K \mathrm{d}M = \xi \int_s^t K \mathrm{d}M.$$

9. 如果 $M$ 是连续局部鞅, $M_0 = 0$,

    (a) 证明: 如果 $\langle M \rangle_T$ 可积, 那么 $M = (M_t : t \in [0,T])$ 是平方可积鞅;

    (b) 证明: $M$ 在 $\{\sup_t \langle M \rangle_t < \infty\}$ 上当 $t$ 趋于无穷时几乎处处收敛.

    证明. 取局部化序列使得 $M^{\tau_n}$, $(M^2 - \langle M \rangle)^{\tau_n}$ 都是有界连续鞅, 那么
    $$\mathbb{E}[M_{t \wedge \tau_n}^2] = \mathbb{E}\langle M \rangle_{t \wedge \tau_n} \leq \mathbb{E}\langle M \rangle_t < \infty.$$

    首先由 Fatou 引理, 让 $n$ 趋于无穷, $\mathbb{E}[M_t^2] \leq \mathbb{E}\langle M \rangle_t$. 上面不等式还说明 $\{M_{t \wedge \tau_n} : n \geq 1\}$ 是一致可积的. 这蕴含着 $M$ 是鞅. □

10. 设 $M, N$ 是连续局部鞅, $K \in L^2_{\mathrm{loc}}(M) \cap L^2_{\mathrm{loc}}(N)$, 证明: $K.(aM + bN) = aK.M + bK.N$, $a, b \in \mathbb{R}$.

11. 用归纳法验证: 对连续半鞅 $X$, 有
$$X_t^n = X_0^n + n \int_0^t X^{n-1} \mathrm{d}X + \frac{1}{2} n(n-1) \int_0^t X^{n-2} \mathrm{d}\langle X \rangle.$$

12. 设 $f$ 是 $[0,T]$ 上连续函数 (与 $\omega$ 无关), 证明: $f = (f(t))$ 是连续半鞅当且仅当 $f$ 有界变差.

13. 设 $M$ 是连续局部鞅使得测度 $\mathrm{d}\langle M \rangle_t$ 几乎处处与 Lebesgue 测度等价, 证明: 存在循序可测过程 $V$ 和 Brown 运动 $B$ 使得 $M_t = M_0 + \int_0^t V_s \mathrm{d}B_s$.

14. 设 $M$ 是连续局部鞅, $\sigma \leq \tau$ 是停时.

    (a) 如果
    $$K_t := \xi 1_{(\sigma, \tau]}(t),$$
    其中 $\xi$ 是有界 $\mathscr{F}_\sigma$ 可测的, 则 $K.M = \xi(M^\tau - M^\sigma)$;

    (b) 证明: $\langle M \rangle_\sigma = \langle M \rangle_\tau$ 当且仅当 $M$ 在 $[\sigma, \tau]$ 上是常值.

# 第五章 Itô 公式及其应用

Itô 公式是日本著名数学家 K. Itô 在 1944 年建立的. 因为 Itô 在他的讲义中把它叙述成为一个引理, 故 Itô 公式也常称为 Itô 引理. Itô 引理实际上是随机微积分的基本定理.

## 5.1 Itô 公式

我们在许多场合中应用下面的初等公式

$$X_{t_j}^2 - X_{t_{j-1}}^2 = \left(X_{t_j} - X_{t_{j-1}}\right)^2 + 2X_{t_{j-1}}\left(X_{t_j} - X_{t_{j-1}}\right).$$

若 $(X_t)_{t\geq 0}$ 是个局部鞅, 则对 $j = 1, \cdots, n$ 求和, 其中 $0 = t_0 < t_1 < \cdots < t_n = t$ 是任意有限分划, 我们得到

$$X_t^2 - X_0^2 = 2\sum_{j=1}^n X_{t_{j-1}}\left(X_{t_j} - X_{t_{j-1}}\right) + \sum_{j=1}^n \left(X_{t_j} - X_{t_{j-1}}\right)^2.$$

让 $|D| \to 0$, 由定理 4.4.6 和定理 4.3.2, 右边在依概率收敛的意义下, 有

$$X_t^2 - X_0^2 = 2\int_0^t X_s \mathrm{d}X_s + \langle X \rangle_t.$$

这是对鞅 $(X_t)_{t\geq 0}$ 的平方应用 Itô 公式. 根据极化与局部化以及命题 4.4.1, 我们便有下面的分部积分公式. 它是 Itô 微积分中的关键环节.

**引理 5.1.1** (分部积分) 设 $X$ 与 $Y$ 是连续半鞅, 那么 $XY$ 是连续半鞅且

$$X_t Y_t - X_0 Y_0 = \int_0^t X_s \mathrm{d}Y_s + \int_0^t Y_s \mathrm{d}X_s + \langle X, Y \rangle_t. \tag{5.1.1}$$

## 5.1 ITÔ 公式

注意右边最后的协变差就是它们的局部鞅部分的协变差. 这是说连续半鞅空间对于乘积是封闭的, 如果 $X = M+V, Y = N+W$ 是它们的半鞅分解, 那么 $XY$ 的局部鞅部分是 $X.N+Y.M$, 它的有界变差部分是 $X.W+Y.V+\langle M,N\rangle$. 下面是随机微积分的基本定理.

**定理 5.1.1** (Itô 公式) 设 $X = (X_t^1, \cdots, X_t^d)$ 是 $d$ 个连续半鞅且 $f \in C^2(\mathbb{R}^d)$, 那么

$$f(X_t) - f(X_0) = \sum_{i=1}^d \int_0^t \frac{\partial f}{\partial x_i}(X_s) \mathrm{d}X_s^i$$
$$+ \frac{1}{2} \sum_{i,j=1}^d \int_0^t \frac{\partial^2 f}{\partial x_i \partial x_j}(X_s) \mathrm{d}\langle X^i, X^j\rangle_s. \tag{5.1.2}$$

公式 (5.1.2) 应该理解为对任意 $t$ 几乎处处成立, 因为连续性, 也可以理解为对几乎所有的 $\omega$, 对所有的 $t \geq 0$ 成立. 如果 $X$ 具有分解 $X_t^i = M_t^i + V_t^i$, 其中 $M_t^1, \cdots, M_t^d$ 是连续局部鞅, $V_t^1, \cdots, V_t^d$ 是连续适应的有界变差过程, 那么它的右边第一项可以分成为

$$\sum_{j=1}^d \int_0^t \frac{\partial f}{\partial x_i}(X_s) \mathrm{d}M_s^j + \sum_{j=1}^d \int_0^t \frac{\partial f}{\partial x_i}(X_s) \mathrm{d}V_s^j, \tag{5.1.3}$$

故而复合的过程 $f(X_t)$ 还是连续半鞅, 它的分解由 Itô 公式清晰给出, 其连续局部鞅部分是

$$M_t^f = f(X_0) + \sum_{j=1}^d \int_0^t \frac{\partial f}{\partial x_i}(X_s) \mathrm{d}M_s^j.$$

而其连续有界变差部分为

$$\sum_{i=1}^d \int_0^t \frac{\partial f}{\partial x_i}(X_s) \mathrm{d}V_s^i + \frac{1}{2} \sum_{i,j=1}^d \int_0^t \frac{\partial^2 f}{\partial x_i \partial x_j}(X_s) \mathrm{d}\langle M^i, M^j\rangle_s.$$

**练习 5.1.1** 证明:

$$\langle M^f, M^g\rangle_t = \int_0^t \sum_{i,j=1}^d \frac{\partial f}{\partial x_i}(X_s) \frac{\partial g}{\partial x_j}(X_s) \mathrm{d}\langle M^i, M^j\rangle_s.$$

如果 $B = (B_t^1, \cdots, B_t^d)_{t \geq 0}$ 是 $\mathbb{R}^d$ 上 Brown 运动, 那么对于 $f \in C^2(\mathbb{R}^d)$, $f(B_t)$ 是连续半鞅且其半鞅分解如下

$$f(B_t) - f(B_0) = \int_0^t \nabla f(B_s).\mathrm{d}B_s + \int_0^t \frac{1}{2}\Delta f(B_s)\mathrm{d}s. \tag{5.1.4}$$

设
$$M_t^f = f(B_t) - f(B_0) - \int_0^t \frac{1}{2}\Delta f(B_s)\mathrm{d}s,$$
那么 $M^f$ 是个局部鞅且
$$\langle M^f, M^g \rangle_t = \int_0^t \langle \nabla f, \nabla g \rangle (B_s)\mathrm{d}s \,.$$

**证明.** (Itô 公式) 我们将证明一维情形当 $X = M$ 是连续局部鞅时的 Itô 公式. 应用局部化技术, 我们只需要对于连续平方可积鞅 $M = (M_t)_{t \geq 0}$ 进行证明. 故我们需要证明
$$f(M_t) - f(M_0) = (f'(M).M)_t + \frac{1}{2}(f''(M).\langle M \rangle)_t \,. \tag{5.1.5}$$
下面因为都有下标 $t$, 故我们省略之. 像我们已经看到的那样, 公式对于 $f(x) = x^2$ ($f'(x) = 2x, f''(x) = 2$) 是正确的,
$$M^2 - M_0^2 = 2M.M + \langle M \rangle \,.$$
假设 (5.1.5) 式对于 $f(x) = x^n$ 成立:
$$M^n - M_0^n = nM^{n-1}.M + \frac{n(n-1)}{2}M^{n-2}.\langle M \rangle \,,$$
则应用分部积分公式于 $M^n$ 与 $M$, 我们得到
$$\begin{aligned} M^{n+1} - M_0^{n+1} &= M^n.M + M.M^n + \langle M, M^n \rangle \\ &= M^n.M + M.\left(nM^{n-1}.M + \frac{n(n-1)}{2}M^{n-2}.\langle M \rangle\right) + nM^{n-1}.\langle M \rangle \\ &= (n+1)M^n.M + \frac{(n+1)n}{2}M^{n-1}.\langle M \rangle, \end{aligned}$$
这蕴含着 (5.1.5) 式对幂函数 $x^{n+1}$ 成立. 因此推出 Itô 公式对于任何多项式都成立. 现在设 $f \in C^2(\mathbb{R})$, $M$ 有界即 $|M| \leq a$. 取多项式列 $\{f_n\}$ 使得 $f_n, f_n', f_n''$ 在 $[-a, a]$ 上分别一致收敛于 $f, f', f''$. 这时 (5.1.2) 对 $f_n$ 成立且其左边和右边的两个通常积分 (第二项与 (5.1.3) 的第二项) 几乎处处收敛于 (5.1.2) 的对应项. 再由随机积分收敛定理 4.4.6 可知 $f_n'(X).M$ 依概率收敛于 $f'(X).M$, 因此 (5.1.5) 对 $f$ 成立. 最后对一般的连续局部鞅 $M$, 我们可以应用前面经常使用的局部化方法来完成证明. □

**练习 5.1.2** 设 $f$ 是 $[a,b]$ 连续可导函数, 证明: 存在多项式列 $\{f_n\}$ 使得 $f_n$ 与 $f_n'$ 分别一致收敛于 $f$ 与 $f'$.

## 5.1 ITÔ 公式

如果 $f$ 只是在一个区域上 $C^2$ 的,那么有局部的 Itô 公式. 设 $D$ 是 $\mathbb{R}^d$ 的一个区域,$f \in C^2(D)$, $X_0 \in D$,那么 Itô 公式 (5.1.2) 对于 $X$ 离开 $D$ 之前仍然成立,确切地说,令 $\zeta = \inf\{t > 0 : X_t \in D^c\}$,那么当 $t < \zeta$ 时几乎处处地有

$$f(X_t) - f(X_0) = \sum_{i=1}^d \int_0^t \frac{\partial f}{\partial x_i}(X_s)\mathrm{d}X_s^i$$
$$+ \frac{1}{2}\sum_{i,j=1}^d \int_0^t \frac{\partial^2 f}{\partial x_i \partial x_j}(X_s) \mathrm{d}\langle M^i, M^j\rangle_s, \quad (5.1.6)$$

称为局部 Itô 公式. 事实上,记 $D_n = \{x \in \mathbb{R}^d : d(x, D^c) \geq 1/n\}$, $\tau_n$ 是 $D_n^c$ 的首中时,那么 $\tau_n \uparrow \zeta$. 因为 $D_n$ 上的函数 $f$ 可以扩张成为 $\mathbb{R}^d$ 上的 $C^2$ 函数,故应用 Itô 公式 (5.1.2) 得它对 $X^{\tau_n}$ 成立,最后让 $n \to \infty$ 即可.

**例 5.1.1** 设 $B = (B_t)$ 是 $\mathbb{R}^3$ 上的标准 Brown 运动,$y \neq 0$. $h(x) := |x - y|^{-1}$, $x \in \mathbb{R}^3 \setminus \{0\}$,则 $h(B) = \{h(B_t)\}$ 是局部鞅,但它不是鞅.

首先由 (3.4.3) 式,单点是极集,也就是说 Brown 运动的几乎所有轨道都不会碰到 $y$ 点. 对任何 $k \geq 1$,取

$$D_k := \{x \in \mathbb{R}^3 : |x - y| \geq \frac{1}{k}\}.$$

令 $T_k$ 是 $D_k^c$ 的首中时,因为 $\langle B_i, B_j\rangle_t = \varepsilon_{i,j}t$,且 $h$ 在 $\mathbb{R}^3 \setminus \{y\}$ 上调和,故由局部 Itô 公式

$$h(B_t^{T_k}) - h(0) = \int_0^t \nabla h(B_s) 1_{\{s < T_k\}} \cdot \mathrm{d}B_s,$$

在 $D_k$ 上,

$$|\nabla h|^2 = \frac{1}{h^4} \leq k^4,$$

因此 $h(B^{T_k})$ 是鞅,而 $T_k \uparrow T_{\{y\}} = \infty$ a.s., 故推出 $h(B)$ 是局部鞅. 不难验证

$$\lim_{t \uparrow +\infty} \mathbb{E}[h(B_t)] = 0, \quad (5.1.7)$$

因此 $h(B)$ 不是鞅. 现在 $h(B)$ 是可积的非负局部鞅,它是上鞅,由 Doob 的上鞅收敛定理和 (5.1.7) 式,$h(B_t)$ 几乎处处收敛于 0,即对于几乎所有轨道,$|B_t|$ 趋于无穷,也就是说 3-维 Brown 运动最终会离开任何给定的有界区域. 而我们知道直线上的 Brown 运动是震荡的. ∎

**练习 5.1.3** 证明 (5.1.7) 式.

下面我们将对随机微积分理论作一个简单的概述.

(1) Itô 积分: 关于 Brown 运动的随机积分.

(2) 平方可积鞅的二次变差及其积分理论.

(3) 局部化技术: 用一列递增趋于无穷的停时列来进行局部化是一个关键的技巧, 通过此技巧可以将有界连续鞅的许多结论推广到连续局部鞅情形.

(4) 连续局部鞅是鞅的非常重要的推广. 非常值的连续局部鞅不可能是有界变差的, 积分不能按几乎处处的意义定义. 如果 $M$ 是连续局部鞅, 它有二次变差过程 $\langle M \rangle$, 这是使得 $M^2 - \langle M \rangle$ 是连续局部鞅的唯一连续增过程.

(5) 半鞅空间: 过程 $X$ 称为半鞅, 如果它是一个连续局部鞅与一个连续有界变差过程的和: $X = M + V$, 这个分解是唯一的, 称为半鞅分解. 其中的主要角色是连续局部鞅, 加上有界变差过程是为了让半鞅空间有很好的封闭性.

(6) 半鞅是个线性空间. 半鞅有二次变差, 它的二次变差等于其鞅部分的二次变差, 因为连续增过程的二次变差恒等于零. 半鞅之间有协变差, 也就是它们鞅部分之间的协变差.

(7) 半鞅对乘积封闭, 而且有分部积分公式:

$$X_t Y_t = X_0 Y_0 + \int_0^t X \mathrm{d}Y + \int_0^t Y \mathrm{d}X + \langle X, Y \rangle.$$

(8) 半鞅复合一个二次连续可微函数后依然是半鞅, 而且有 Itô 公式:

$$f(X_t) = f(X_0) + \int_0^t f'(X)\mathrm{d}X + \frac{1}{2}\int_0^t f''(X_s)\mathrm{d}\langle X \rangle_s.$$

## 5.2　Itô 公式的应用

在本节中, 我们推出 Itô 公式的一些重要的应用, 以此给出随机分析理论中最重要最漂亮的一些结果与公式, 它们在其它领域有深刻的应用, 特别在金融数学方面.

## 5.2 ITÔ 公式的应用

### 5.2.1 随机指数

在本节中，我们考虑简单的随机微分方程

$$\mathrm{d}Z_t = Z_t \mathrm{d}X_t, \quad Z_0 = 1 \tag{5.2.1}$$

其中 $X_t = M_t + A_t$ 是连续半鞅．方程 (5.2.1) 的解被称为 $X$ 的随机指数．方程 (5.2.1) 应该理解为积分方程

$$Z_t = 1 + \int_0^t Z_s \mathrm{d}X_s, \tag{5.2.2}$$

其中积分是在 Itô 积分的意义下．为了找到方程 (5.2.2) 的解，我们可以试

$$Z_t = \exp(X_t + V_t),$$

其中 $(V_t)_{t\geq 0}$ 待定为一个有界变差的"修正"项．应用 Itô 公式，我们有

$$Z_t = 1 + \int_0^t Z_s \mathrm{d}(X_s + V_s) + \frac{1}{2}\int_0^t Z_s \mathrm{d}\langle M\rangle_s.$$

为了满足方程 (5.2.2) 我们必须让

$$V_t = -\frac{1}{2}\langle M\rangle_t.$$

**引理 5.2.1** 设 $(X_t)$ 是具有半鞅分解 $X_t = M_t + A_t$ 的连续半鞅且 $X_0 = 0$，那么

$$\mathscr{E}(X)_t = \exp\left(X_t - \frac{1}{2}\langle M\rangle_t\right)$$

是方程 (5.2.2) 的解．

过程 $\mathscr{E}(X)$ 被称为 $X = (X_t)_{t\geq 0}$ 的随机指数．

**命题 5.2.1** 设 $(M_t)_{t\geq 0}$ 是初值为零的连续局部鞅，那么其随机指数 $\mathscr{E}(M)$ 是个非负连续局部鞅．

**注释 5.2.1.** 根据 Itô 积分的定义，对任何 $T > 0$ 如果

$$\mathbb{E}\int_0^T \mathrm{e}^{2M_t - \langle M\rangle_t} \mathrm{d}\langle M\rangle_t < +\infty, \tag{5.2.3}$$

那么随机指数

$$\mathscr{E}(M)_t = \exp\left(M_t - \frac{1}{2}\langle M\rangle_t\right)$$

是非负连续平方可积鞅．

一个重要的事实是尽管 $\mathscr{E}(M)$ 也许不是鞅, 但它必定是上鞅.

**引理 5.2.2** 设 $X = (X_t)_{t \geq 0}$ 是个非负连续局部鞅且 $X_0$ 可积, 那么 $X = (X_t)_{t \geq 0}$ 是个上鞅: 对任何 $t > s \geq 0$, $\mathbb{E}(X_t|\mathscr{F}_s) \leq X_s$. 特别地 $t \to \mathbb{E}X_t$ 是递减的, 因此对任何 $t > 0$, $\mathbb{E}X_t \leq \mathbb{E}X_0$.

**证明.** 先证明条件期望的 Fatou 引理: 如果 $\{X_n\}$ 是概率空间 $(\Omega, \mathscr{F}, \mathbb{P})$ 上非负可积随机序列, 那么

$$\mathbb{E}[\varliminf_{n \to \infty} X_n | \mathscr{G}] \leq \varliminf_{n \to \infty} \mathbb{E}[X_n | \mathscr{G}]$$

其中 $\mathscr{G}$ 是 $\mathscr{F}$ 的子 $\sigma$- 代数 (留作习题).

由定义, 存在局部化序列 $\{\tau_n\}$ 使得 $X^{\tau_n} = (X_{t \wedge \tau_n})_{t \geq 0}$ 是鞅. 因此

$$\mathbb{E}(X_{t \wedge \tau_n} | \mathscr{F}_s) = X_{s \wedge \tau_n}, \quad \forall t \geq s, n = 1, 2, \cdots.$$

特别地有

$$\mathbb{E}(X_{t \wedge \tau_n}) = \mathbb{E}X_0.$$

由 Fatou 引理, $X_t = \lim_{n \to \infty} X_{t \wedge \tau_n}$ 是可积的. 应用 Fatou 引理于 $X_{t \wedge \tau_n}$ 与 $\mathscr{G} = \mathscr{F}_s$, 得

$$\mathbb{E}[X_t | \mathscr{F}_s] = \mathbb{E}\left[\lim_{n \to \infty} X_{t \wedge \tau_n} | \mathscr{F}_s\right]$$
$$\leq \varliminf_{n \to \infty} \mathbb{E}[X_{t \wedge \tau_n} | \mathscr{F}_s]$$
$$= \varliminf_{n \to \infty} X_{s \wedge \tau_n} = X_s,$$

根据定义 $X = (X_t)_{t \geq 0}$ 是个上鞅. □

显然, 一个连续上鞅 $X = (X_t)_{t \geq 0}$ 是个鞅当且仅当它的期望 $t \to \mathbb{E}(X_t)$ 是常数. 因此有下面的推论.

**推论 5.2.1** 设 $M = (M_t)_{t \geq 0}$ 是初值为零的连续局部鞅, 那么 $\mathscr{E}(M)$ 是个上鞅. 特别地, 对任何 $t \geq 0$ 有

$$\mathbb{E}\left[\exp\left(M_t - \frac{1}{2}\langle M\rangle_t\right)\right] \leq 1.$$

进一步地, $\mathscr{E}(M)$ 在时间段 $[0, T]$ 上是鞅当且仅当

$$\mathbb{E}\left[\exp\left(M_T - \frac{1}{2}\langle M\rangle_T\right)\right] = 1. \tag{5.2.4}$$

## 5.2 ITÔ 公式的应用

局部鞅的随机指数在概率变换中有很重要的地位. 在许多应用中, 知道一个给定鞅的随机指数是否是一个真正的鞅是一件非常关键的事情. 保证 (5.2.4) 的一个充分条件是所谓的 Novikov 条件, 叙述如下.

**定理 5.2.1** (Novikov) 设 $M = (M_t)_{t \geq 0}$ 是个初值为零的连续局部鞅. 如果

$$\mathbb{E}\left[\exp\left(\frac{1}{2}\langle M \rangle_\infty\right)\right] < +\infty , \qquad (5.2.5)$$

那么 $\mathscr{E}(M)$ 是一致可积鞅.

证明. 下面的证明是严加安给出的 (参考 [16]). 思想如下, 先在 Novikov 条件 (5.2.5) 下, 证明对任何 $0 < \alpha < 1$,

$$\left\{ \mathscr{E}(\alpha M)_\tau \equiv \exp\left(\alpha M_\tau - \frac{1}{2}\alpha^2 \langle M \rangle_\tau\right) : \tau \text{ 为有界停时} \right\}$$

是一致可积的, 因此 $(\mathscr{E}(\alpha M)_t)$ 是一个鞅, 然后再让 $\alpha \uparrow 1$.

为了证明一致可积性, 对任何给定的 $\alpha$, $\mathscr{E}(\alpha M)$ 是局部鞅 $\alpha M$ 的随机指数, 故 $\mathscr{E}(\alpha M)$ 是非负连续局部鞅, $\mathbb{E}(\mathscr{E}(\alpha M)_t) \leq 1$. 我们有下面的性质:

$$\begin{aligned} \mathscr{E}(\alpha M)_t &= \exp\left\{\alpha\left(M_t - \frac{1}{2}\langle M \rangle_t\right) - \frac{1}{2}\alpha(\alpha - 1)\langle M \rangle_t\right\} \\ &= (\mathscr{E}(M)_t)^\alpha \exp\left\{\frac{1}{2}\alpha(1 - \alpha)\langle M \rangle_t\right\}. \end{aligned}$$

对任何有界停时 $\tau$ 与任何 $A \in \mathscr{F}_\infty$,

$$\mathbb{E}\left[1_A \mathscr{E}(\alpha M)_\tau\right] = \mathbb{E}\left\{1_A \left(\mathscr{E}(M)_\tau\right)^\alpha \exp\left[\frac{1}{2}\alpha(1-\alpha)\langle M\rangle_\tau\right]\right\}. \qquad (5.2.6)$$

对 (5.2.6) 应用 Hölder 不等式于 $\frac{1}{\alpha} > 1$ 与 $\frac{1}{1-\alpha}$, 我们得

$$\begin{aligned} \mathbb{E}\{1_A \mathscr{E}(\alpha M)_\tau\} &= \mathbb{E}\left\{\left(\mathscr{E}(M)_\tau\right)^\alpha 1_A \exp\left[\frac{1}{2}\alpha(1-\alpha)\langle M\rangle_\tau\right]\right\} \\ &\leq \{\mathbb{E}[\mathscr{E}(M)_\tau]\}^\alpha \left\{\mathbb{E}\left[1_A \exp\left(\frac{1}{2}\alpha\langle M\rangle_\tau\right)\right]\right\}^{1-\alpha} \\ &\leq \left\{\mathbb{E}\left[1_A \exp\left(\frac{1}{2}\alpha\langle M\rangle_\infty\right)\right]\right\}^{1-\alpha} \\ &\leq \left\{\mathbb{E}\left[1_A \exp\left(\frac{1}{2}\langle M\rangle_\infty\right)\right]\right\}^{1-\alpha}. \qquad (5.2.7) \end{aligned}$$

从而 $\{\mathscr{E}(\alpha M)_\tau : \tau$ 为有界停时$\}$ 有一致绝对连续性, 根据定理 1.2.4 推出它是一致可积的, 因而 $\mathscr{E}(\alpha M)$ 必定是鞅, 而且是一致可积鞅. 因此记

$$\mathscr{E}(\alpha M)_\infty = \lim_{t\to\infty} \mathscr{E}(\alpha M)_t,$$

它满足

$$\mathbb{E}\left[\mathscr{E}(\alpha M)_\infty\right] = \mathbb{E}\left[\mathscr{E}(\alpha M)_0\right] = 1, \quad \forall \alpha \in (0,1).$$

在 (5.2.7) 的第一个不等式中可以取 $A = \Omega$ 与 $\tau = \infty$, 我们将得到下面的不等式:

$$1 = \mathbb{E}\left[\mathscr{E}(\alpha M)_\infty\right]$$
$$\leq \{\mathbb{E}[\mathscr{E}(M)_\infty]\}^\alpha \left\{ \mathbb{E}\left(\exp\left(\frac{1}{2}\langle M\rangle_\infty\right)\right)\right\}^{1-\alpha}, \quad \forall \alpha \in (0,1).$$

令 $\alpha \uparrow 1$ 我们将得到

$$\mathbb{E}(\mathscr{E}(M)_\infty) \geq 1$$

即 $\mathbb{E}[\mathscr{E}(M)_\infty] = 1$, 由此推出 $\mathscr{E}(M)_t$ 是一致可积鞅. □

从定理的证明可以推出, 如果对任何 $t \geq 0$,

$$\mathbb{E}\left[\exp\left(\frac{1}{2}\langle M\rangle_t\right)\right] < +\infty, \tag{5.2.8}$$

那么 $\mathscr{E}(M)$ 是一个鞅, 未必一致可积. 它可以看成局部 Novikov 条件.

考虑一个标准 Brown 运动 $B = (B_t)$, 且设 $F = (F_t)_{t\geq 0} \in \mathscr{L}_2$. 如果

$$\mathbb{E}\left[\exp\left(\frac{1}{2}\int_0^T F_t^2 \mathrm{d}t\right)\right] < \infty,$$

那么

$$X_t = \exp\left\{\int_0^t F_s \mathrm{d}B_s - \frac{1}{2}\int_0^t F_s^2 \mathrm{d}s\right\} \tag{5.2.9}$$

是一个 $[0,T]$ 上的正鞅.

Novikov 条件很不错, 可是在许多情况下它也不是那么容易验证. 例如为了知道鞅 $\int_0^t B_s \mathrm{d}B_s$ 的随机指数是否是一个鞅, 其 Novikov 条件要求估计积分

$$\mathbb{E}\left\{\exp\left(\frac{1}{2}\int_0^T B_t^2 \mathrm{d}t\right)\right\}.$$

这不是个容易的工作, 读者可以作为练习估计它.

## 5.2 ITÔ 公式的应用

如果 $(X_t)_{t\geq 0}$ 是非负连续上鞅，那么

$$\mathbb{P}\left\{\sup_{t\in[0,T]} X_t \geq \lambda\right\} \leq \frac{1}{\lambda}\mathbb{E}(X_0). \tag{5.2.10}$$

再结合指数鞅公式，可以证明下面的指数不等式.

**练习 5.2.1** 设 $B = (B_t)$ 是标准 Brown 运动，那么对任何 $T > 0$，

$$\mathbb{P}\left\{\sup_{t\in[0,T]} B_t \geq \lambda T\right\} \leq \exp\left(-\frac{\lambda^2}{2}T\right). \tag{5.2.11}$$

### 5.2.2 Lévy 的 Brown 运动鞅刻画

Itô 公式的第二个应用是 Lévy 的 Brown 运动鞅刻画，它是说连续局部鞅的二次变差过程可以唯一刻画 Brown 运动. 设 $(\Omega, \mathscr{F}, \mathscr{F}_t, \mathbb{P})$ 是具有满足通常条件的流的概率空间.

**定理 5.2.2** (Lévy) 设 $M_t = (M_t^1, \cdots, M_t^d)$ 是 $(\Omega, \mathscr{F}, \mathscr{F}_t, \mathbb{P})$ 上取值于 $\mathbb{R}^d$ 的初值为零的随机过程，那么 $(M_t)_{t\geq 0}$ 是个 Brown 运动当且仅当
(1) 每个 $M_t^i$ 是连续局部鞅；
(2) $M_t^i M_t^j - \delta_{ij} t$ 是个鞅，即对任何偶 $(i,j)$，$\langle M^i, M^j\rangle_t = \delta_{ij} t$.

**证明.** 我们只需证明充分性部分. 回忆，在定理的假设下 $(M_t)_{t\geq 0}$ 是个 Brown 运动当且仅当对任何 $t > s$ 及 $\xi = (\xi_j) \in \mathbb{R}^d$，有

$$\mathbb{E}\left(e^{i\langle \xi, M_t - M_s\rangle}\Big|\mathscr{F}_s\right) = \exp\left\{-\frac{|\xi|^2}{2}(t-s)\right\}. \tag{5.2.12}$$

我们因此考虑适应过程

$$Z_t = \exp\left(i\sum_{j=1}^d \xi_j M_t^j + \frac{|\xi|^2}{2}t\right),$$

要证明它是个鞅. 为此，我们应用 Itô 公式于函数 $f(x) = e^x$ (这时 $f' = f'' = f$) 以及半鞅

$$X_t = i\sum_{j=1}^d \xi_j M_t^j + \frac{|\xi|^2}{2}t.$$

那么

$$\begin{aligned}
Z_t &= Z_0 + \int_0^t Z_s \mathrm{d}\left(\mathrm{i}\sum_{j=1}^d \xi_j M_s^j + \frac{|\xi|^2}{2}s\right) + \frac{1}{2}\int_0^t Z_s \mathrm{d}\langle \mathrm{i}\sum_{j=1}^d \xi_j M^j\rangle_s \\
&= 1 + \mathrm{i}\sum_{j=1}^d \xi_j \int_0^t Z_s \mathrm{d}M_s^j + \frac{|\xi|^2}{2}\int_0^t Z_s \mathrm{d}s - \frac{1}{2}\int_0^t \sum_{k,j=1}^d \xi_k \xi_j Z_s \mathrm{d}\langle M^k, M^j\rangle_s \\
&= 1 + \mathrm{i}\sum_{j=1}^d \xi_j \int_0^t Z_s \mathrm{d}M_s^j
\end{aligned}$$

最后一个等号来自

$$\frac{1}{2}\int_0^t \sum_{k,j=1}^d \xi_k \xi_j Z_s \mathrm{d}\langle M^k, M^j\rangle_s = \frac{1}{2}|\xi|^2 \int_0^t Z_s \mathrm{d}s,$$

这是根据假设 $\langle M^i, M^j\rangle_s = \delta_{ij} s$. 因为 $Z$ 是连续局部鞅且 $|Z_s| = \mathrm{e}^{|\xi|^2 s/2}$, 故对任何 $T > 0$,

$$\mathbb{E}\langle Z\rangle_T = \mathbb{E}\int_0^T |Z_s|^2 \mathrm{d}s = \int_0^T \mathrm{e}^{|\xi|^2 s} \mathrm{d}s < +\infty.$$

即由上一章的一个习题推出 $Z$ 是初值为 1 的连续平方可积鞅. 公式 (5.2.12) 由鞅性推出对任何 $t > s$,

$$\mathbb{E}\left(\mathrm{e}^{\mathrm{i}\langle \xi, M_t\rangle + \frac{|\xi|^2}{2}t}\bigg|\mathscr{F}_s\right) = \mathrm{e}^{\mathrm{i}\langle \xi, M_s\rangle + \frac{|\xi|^2}{2}s}.$$

□

### 5.2.3 连续局部鞅是 Brown 运动的时间变换

Itô 公式的第三个应用是说明一个连续局部鞅经过某个时间变换后是 Brown 运动, 或者说连续局部鞅和 Brown 运动相差一个时间变换.

**定理 5.2.3** (Dambis, Dubins-Schwarz) 设概率空间 $(\Omega, \mathscr{F}, \mathscr{F}_t, \mathbb{P})$ 上初值零的随机过程是满足 $\langle M\rangle_\infty = \infty$ 的连续局部鞅, 令

$$\tau_t = \inf\{s : \langle M\rangle_s > t\},$$

那么对任何 $t \geq 0$, $\tau_t$ 是停时, $B_t = M_{\tau_t}$ 是个 $(\mathscr{F}_{\tau_t})$-Brown 运动, 且 $M_t = B_{\langle M\rangle_t}$.

## 5.2 ITÔ 公式的应用

证明. 递增的停时族 $(\tau_t)_{t\geq 0}$ 被称为时间变换, 因为每个 $\tau_t$ 都是停时, 且显然 $t \to \tau_t$ 是递增的. 每个 $\tau_t$ 都是几乎处处有限的, 因为 $\langle M \rangle_\infty = \infty$ a.s. 由 $\langle M \rangle_t$ 的连续性,

$$\langle M \rangle_{\tau_t} = t \quad \mathbb{P}\text{-a.s.}$$

运用 Doob 有界停止定理于平方可积 (且一致可积) 鞅 $(M_{s \wedge \tau_t})_{s \geq 0}$ 以及停时 $\tau_t \geq \tau_s$ ($t \geq s$), 我们得到

$$\mathbb{E}[M_{\tau_t} | \mathscr{F}_{\tau_s}] = M_{\tau_s},$$

i.e. $B_t$ 是个 $(\mathscr{F}_{\tau_t})$- 局部鞅. 类似的证明应用于鞅 $(M_{s\wedge \tau_t}^2 - \langle M \rangle_{s \wedge \tau_t})_{s\geq 0}$ 推出

$$\mathbb{E}\left[ M_{\tau_t}^2 - \langle M \rangle_{\tau_t} | \mathscr{F}_{T_s} \right] = M_{\tau_s}^2 - \langle M \rangle_{\tau_s}.$$

因此 $(B_t^2 - t)$ 是个 $(\mathscr{F}_{\tau_t})$- 局部鞅. 容易看出 $t \to B_t$ 是连续的, 故而 $B = (B_t)_{t \geq 0}$ 是个 $(\mathscr{F}_{\tau_t})$- Brown 运动. $\square$

**练习 5.2.2** 设 $f$ 是 $[0, \infty)$ 上初值为零的连续递增函数, 且 $f(\infty) = \infty$. 定义

$$f^{-1}(x) = \inf\{y : f(y) > x\}.$$

证明:

(1) $f^{-1}$ 右连续且对任何 $x \geq 0$, 有 $f(f^{-1}(x)) = x$;

(2) $f(y) > x$ 当且仅当 $y > f^{-1}(x)$.

另外, 因为

$$\{\langle M \rangle_t \leq s\} = \{t \leq \tau_s\} \in \mathscr{F}_{\tau_s},$$

故 $\langle M \rangle_t$ 是 $(\mathscr{F}_{\tau_s})$- 停时且反过来说, 连续局部鞅 $M$ 是某个 Brown 运动的时间变换,

$$M = B_{\langle M \rangle}.$$

让我们以此来证明 Novikov 定理: 如果 $M$ 是连续局部鞅, 且对给定的 $t > 0$, 有 $\mathbb{E}[\exp(\frac{1}{2}\langle M \rangle_t)] < \infty$, 那么

$$\mathbb{E}[\exp(M_t - \frac{1}{2}\langle M \rangle_t)] = 1.$$

事实上, 让我们回到 Brown 运动 $B = (B_t)$, 对 $k > 0$ 和 $a > 0$, 令

$$\sigma_a = \inf\{t : B_t = kt - a\},$$

那么
$$\mathbb{E}\left[e^{-s\sigma_a}\right] = e^{a(k-\sqrt{k^2+2s})}. \tag{5.2.13}$$

由此推出 $\sigma_a$ 是指数可积的，精确地说，当 $s \geq -k^2/2$ 时，上式还是成立的，实际上
$$\mathbb{E}\left[e^{k^2\sigma_a/2}\right] = e^{ak}. \tag{5.2.14}$$

**练习 5.2.3** 证明 (5.2.14). (提示：有很多方法，例如可以用 Laplace 逆变换公式算 $\sigma_a$ 的密度，也可以用复分析的方法.)

让 $k = 1$，我们有
$$\mathbb{E}\left[e^{B_{\sigma_a} - \sigma_a/2}\right] = 1.$$

可以推出
$$\left(e^{B_{\sigma_a \wedge t} - (\sigma_a \wedge t)/2} : t \geq 0\right)$$

不仅是一个鞅，而且是 Doob 鞅.

**练习 5.2.4** 证明上面的过程是个 Doob 鞅，即
$$e^{B_{\sigma_a \wedge t} - (\sigma_a \wedge t)/2} = \mathbb{E}\left[e^{B_{\sigma_a} - \sigma_a/2} | \mathscr{F}_t\right].$$

现在我们设 $B_t = M_{\tau_t}$，$\mathscr{G}_t = \mathscr{F}_{\tau_t}$，那么 $B$ 是 $(\mathscr{G}_t)$ Brown 运动. 因为 $\langle M \rangle_t$ 是 $(\mathscr{G}_t)$ 停时，故有
$$1 = \mathbb{E}\left[\exp\left(B_{\sigma_a \wedge \langle M \rangle_t} - \frac{1}{2}\sigma_a \wedge \langle M \rangle_t/2\right)\right]$$
$$= \mathbb{E}\left[1_{\{\sigma_a < \langle M \rangle_t\}} e^{\sigma_a/2 - a}\right] + \mathbb{E}\left[1_{\{\sigma_a \geq \langle M \rangle_t\}} e^{M_t - \frac{1}{2}\langle M \rangle_t}\right].$$

让 $a \uparrow +\infty$，由控制收敛定理推出
$$\mathbb{E}\left[e^{M_t - \frac{1}{2}\langle M \rangle_t}\right] = 1.$$

## 5.2.4 Girsanov 定理

现在我们看 Itô 公式的第四个应用. 固定一个带流的概率空间 $(\Omega, \mathscr{F}, \mathscr{F}_t, \mathbb{P})$. 设 $T > 0$，$\mathbb{Q}$ 是 $(\Omega, \mathscr{F}_T)$ 上关于 $\mathbb{P}$ 绝对连续的概率测度，密度为 $\xi$，即
$$\left.\frac{d\mathbb{Q}}{d\mathbb{P}}\right|_{\mathscr{F}_T} = \xi.$$

## 5.2 ITÔ 公式的应用

由定义, 对于有界的 $\mathscr{F}_T$- 可测随机变量 $X$

$$\int_\Omega X(\omega)\mathbb{Q}(\mathrm{d}\omega) = \int_\Omega X(\omega)\xi(\omega)\mathbb{P}(\mathrm{d}\omega)$$

或者简单写成为

$$\mathbb{E}^\mathbb{Q}(X) = \mathbb{E}^\mathbb{P}(\xi X),$$

其中上标表示关于指定测度的期望. 而如果 $X$ 是 $\mathscr{F}_t$- 可测的, $t \leq T$, 那么

$$\begin{aligned}\mathbb{E}^\mathbb{Q}(X) &= \mathbb{E}^\mathbb{P}(\mathbb{E}^\mathbb{P}(\xi X|\mathscr{F}_t)) \\ &= \mathbb{E}^\mathbb{P}(\mathbb{E}^\mathbb{P}(\xi|\mathscr{F}_t) X).\end{aligned}$$

即对于 $t \leq T$,

$$\left.\frac{\mathrm{d}\mathbb{Q}}{\mathrm{d}\mathbb{P}}\right|_{\mathscr{F}_t} = \mathbb{E}^\mathbb{P}(\xi|\mathscr{F}_t).$$

它在概率 $\mathbb{P}$ 下是在时间 $T$ 之前的非负鞅.

反过来, 如果 $T > 0$ 且 $Z = (Z_t)_{t \geq 0}$ 是 $(\Omega, \mathscr{F}, \mathscr{F}_t, \mathbb{P})$ 上初值为 1 在时间 $T$ 之前的连续严格正鞅. 我们在 $(\Omega, \mathscr{F}_T)$ 上定义一个测度 $\mathbb{Q}$ 为

$$\mathbb{Q}(A) = \mathbb{E}(Z_T 1_A), \ A \in \mathscr{F}_T. \tag{5.2.15}$$

也就是说

$$\left.\frac{\mathrm{d}\mathbb{Q}}{\mathrm{d}\mathbb{P}}\right|_{\mathscr{F}_T} = Z_T.$$

因为 $\mathbb{E}(Z_T) = 1$, 故 $\mathbb{Q}$ 是 $(\Omega, \mathscr{F}_T)$ 上概率测度. 因为 $Z = (Z_t)_{t \leq T}$ 是鞅, 故对任何 $t \leq T$,

$$\left.\frac{\mathrm{d}\mathbb{Q}}{\mathrm{d}\mathbb{P}}\right|_{\mathscr{F}_t} = Z_t.$$

**练习 5.2.5** 如果 $(Z_t)_{t \geq 0}$ 是初值为 1 的连续正鞅, 那么在 $(\Omega, \mathscr{F}_\infty)$ 上存在概率测度 $\mathbb{Q}$, 其中 $\mathscr{F}_\infty \equiv \sigma\{\mathscr{F}_t : t \geq 0\}$, 使得对任何 $t \geq 0$,

$$\left.\frac{\mathrm{d}\mathbb{Q}}{\mathrm{d}\mathbb{P}}\right|_{\mathscr{F}_t} = Z_t.$$

下面引理中的结论容易验证, 留作习题.

**引理 5.2.3** (1) 个适应过程 $X$ 是一个 $\mathbb{Q}$- 鞅当且仅当 $XZ$ 是一个 $\mathbb{P}$- 鞅;

(2) 如果 $XZ$ 是 $\mathbb{P}$- 局部鞅, 则 $X$ 是一个 $\mathbb{Q}$- 局部鞅;

(3) 在 $\mathbb{Q}$ 测度几乎处处意义下, 密度 $Z$ 总是严格正的.

**练习 5.2.6** 设 $\tau$ 是停时, 证明: 如果 $(XZ)^\tau$ 是 $\mathbb{P}$- 鞅, 那么 $X^\tau$ 是 $\mathbb{Q}$- 鞅.

我们现在可以叙述并证明 Girsanov 定理了.

**定理 5.2.4** (Girsanov) 设 $(M_t)_{t \geq 0}$ 是概率空间 $(\Omega, \mathscr{F}, \mathscr{F}_t, \mathbb{P})$ 上在时间 $T$ 之前的连续局部鞅, $(Z_t)_{t \geq 0}$ 是初值为 1 的连续正鞅, 那么

$$X_t = M_t - \int_0^t \frac{1}{Z_s} \mathrm{d}\langle M, Z \rangle_s$$

在概率空间 $(\Omega, \mathscr{F}, \mathscr{F}_t, \mathbb{Q})$ 上在时间 $T$ 之前是一个连续局部鞅.

**证明.** 应用局部化方法, 我们可以假设 $M, Z, 1/Z$ 都是有界的. 这时 $M, Z$ 是有界鞅. 我们需要证明 $X$ 在概率 $\mathbb{Q}$ 之下是鞅, 即对 $s < t \leq T$,

$$\mathbb{E}^{\mathbb{Q}}\{X_t | \mathscr{F}_s\} = X_s,$$

也就是说,

$$\mathbb{E}^{\mathbb{Q}}\{1_A (X_t - X_s)\} = 0, \ \forall A \in \mathscr{F}_s.$$

由定义

$$\mathbb{E}^{\mathbb{Q}}\{1_A (X_t - X_s)\} = \mathbb{E}^{\mathbb{P}}\{(Z_t X_t - Z_s X_s) 1_A\},$$

因此我们只需证明 $(Z_t X_t)$ 在概率测度 $\mathbb{P}$ 下在时间 $T$ 之前是鞅. 根据分布积分公式, 我们有

$$\begin{aligned}
Z_t X_t &= Z_0 X_0 + \int_0^t Z_s \mathrm{d}X_s + \int_0^t X_s \mathrm{d}Z_s + \langle Z, X \rangle_t \\
&= Z_0 X_0 + \int_0^t Z_s \left( \mathrm{d}M_s - \frac{1}{Z_s} \mathrm{d}\langle M, Z \rangle_s \right) \\
&\quad + \int_0^t X_s \mathrm{d}Z_s + \langle Z, X \rangle_t \\
&= Z_0 X_0 + \int_0^t Z_s \mathrm{d}M_s + \int_0^t X_s \mathrm{d}Z_s.
\end{aligned}$$

它显然是一个鞅. □

因为 $Z = (Z_t : t \leq T)$ 是一个正鞅, 我们可以应用 Itô 公式于 $\log Z_t$, 得到

$$\log Z_t - \log Z_0 = \int_0^t \frac{1}{Z_s} \mathrm{d}Z_s - \frac{1}{2} \int_0^t \frac{1}{Z_s^2} \mathrm{d}\langle Z \rangle_s,$$

## 5.2 ITÔ 公式的应用

即 $Z_t = \mathscr{E}(N)_t$, 其中

$$N_t = \int_0^t \frac{1}{Z_s} \mathrm{d}Z_s$$

是一个连续局部鞅. 因此 $Z_t = \mathscr{E}(N)_t$ 是 Itô 积分方程

$$Z_t = 1 + \int_0^t Z_s \mathrm{d}N_s$$

的解, 从而

$$\langle M, Z \rangle_t = \langle \int_0^t \mathrm{d}M_s, \int_0^t Z_s \mathrm{d}N_s \rangle = \int_0^t Z_s \mathrm{d}\langle N, M \rangle_s.$$

由此推出

$$\int_0^t \frac{1}{Z_s} \mathrm{d}\langle M, Z \rangle_s = \langle N, M \rangle_t,$$

因此我们有下面的推论.

**推论 5.2.2** 设 $N_t$ 是 $(\Omega, \mathscr{F}, \mathscr{F}_t, \mathbb{P})$ 上初值为零的连续局部鞅, 使得其随机指数

$$(\mathscr{E}(N)_t : t \leq T)$$

是连续鞅. 在可测空间 $(\Omega, \mathscr{F}_T)$ 上定义概率测度 $\mathbb{Q}$:

$$\left.\frac{\mathrm{d}\mathbb{Q}}{\mathrm{d}\mathbb{P}}\right|_{\mathscr{F}_t} = \mathscr{E}(N)_t, \ \forall t \leq T.$$

如果 $M = (M_t)_{t \geq 0}$ 是概率测度 $\mathbb{P}$ 下的连续局部鞅, 那么

$$X_t = M_t - \langle N, M \rangle_t$$

是概率测度 $\mathbb{Q}$ 下和时间段 $[0, T]$ 上的连续局部鞅. 这里读者应该仔细定义时间段 $[0, T]$ 上的局部鞅的概念.

因为 $\mathbb{P}$ 与 $\mathbb{Q}$ 两个测度等价, 所以它们有相同的零概率集. 依概率收敛这个性质在两个测度下也是等价的 (请自己证明之).

**推论 5.2.3** 设 $\mathbb{Q}$ 关于 $\mathbb{P}$ 等价, 则 $\mathbb{P}$- 连续半鞅 $X$ 等同于 $\mathbb{Q}$- 连续半鞅且 $\langle X \rangle_{\mathbb{Q}} = \langle X \rangle_{\mathbb{P}}$. 另外有界循序可测过程 $H$ 关于 $X$ 的 $\mathbb{Q}$- 随机积分与 $\mathbb{P}$- 随机积分一致.

应用于 Brown 运动, 设 $F$ 是连续适应过程使得

$$Z_t = \exp\left(\int_0^t F_s \mathrm{d}B_s - \frac{1}{2}\int_0^t F_s^2 \mathrm{d}s\right), \ t \geq 0$$

是鞅，那么在新测度 $\mathbb{Q}$ 下，

$$\tilde{B}_t := B_t - \int_0^t F_s \mathrm{d}s,\ t \geq 0$$

是连续鞅，而且它的二次变差过程是 $t$，由 Brown 运动的鞅刻画推出 $\tilde{B}$ 是新概率测度下的 Brown 运动.

尽管我们知道变换后的过程在新测度下也是 Brown 运动，或者说 $\tilde{B}$ 在测度 $\mathbb{Q}$ 下的分布是 Wiener 测度，但是我们还是无法计算出 $\tilde{B}$ 在原测度 $\mathbb{P}$ 下的分布，而这个分布在分析中特别重要，它是 Wiener 测度在平移变换下的像测度. 最后，就让我们说说这个问题，也就是 Girsanov 定理的前世. Girsanov 定理来源于平移变换后测度的变化这个问题，例如有限维空间上的 Lebesgue 测度是平移不变的，那么 $\mathbb{R}^d$ 的 Gauss 测度呢？这很容易，Gauss 测度

$$\mu(\mathrm{d}x) = \frac{1}{(2\pi t)^{d/2}} \exp\left(-\frac{|x|^2}{2t}\right) \mathrm{d}x$$

是 $\mathbb{R}^d$ 上的概率测度，它使得其上的坐标随机变量 $x$ 是标准正态分布的. 对任何 $y \in \mathbb{R}^d$

$$\begin{aligned}\mu(\mathrm{d}x - y) &= \frac{1}{(2\pi t)^{d/2}} \exp\left(-\frac{|x-y|^2}{2t}\right) \mathrm{d}x \\ &= \exp\left(x \cdot y - \frac{1}{2}|y|^2\right) \mu(\mathrm{d}x).\end{aligned}$$

换句话说，Gauss 测度经过平移后关于原来的 Gauss 测度绝对连续，这也称为拟不变性，或者说随机变量 $x \mapsto x - y$ 在概率测度

$$\exp\left(x \cdot y - \frac{1}{2}|y|^2\right) \mu(\mathrm{d}x)$$

下是标准正态分布的.

在无穷维空间上不存在 $\sigma$- 有限的平移不变或拟不变的测度，但是可以考虑测度沿着某些方向的平移拟不变性. 让我们考虑 Wiener 测度，把 Girsanov 定理应用于 Brown 运动就是著名的 Cameron-Martin 定理，它当然早于 Girsanov 定理. 考虑时间 $t \in [0,1]$，设 $B$ 是把样本映射为样本轨道 $B\omega(t) = B_t(\omega)$, $\omega \in \Omega$. 设 $W$ 是 $[0,1]$ 上初值为 $0$ 的连续函数全体，$\mu$ 是 $W$ 上的 Wiener 测度，即若 $f$ 是 $W$ 上的非负可测函数，则

$$\mathbb{E}[f(B)] = \int_W f(w) \mu(\mathrm{d}w).$$

## 5.2 ITÔ 公式的应用

也可以说, 在概率 $\mu$ 之下, 坐标过程是 Brown 运动.

让我们引入 Cameron-Martin 空间,

$$H = \{h \in W : \dot{h} \in L^2[0,1]\},$$

也就是说可导且导数平方可积的元素全体, 其中 $\dot{h} = h'$. 这时 $h(t) = \int_0^t \dot{h}(s)\mathrm{d}s$, 定义测度

$$\mathbb{Q} = \exp\left(\int_0^1 \dot{h}(t)\mathrm{d}B_t - \frac{1}{2}\int_0^1 |\dot{h}(t)|^2\mathrm{d}t\right) \cdot \mathbb{P},$$

显然

$$\mathbb{E}_Q[f(B)] = \mathbb{E}\left[\exp\left(\int_0^1 \dot{h}(t)\mathrm{d}B_t - \frac{1}{2}\int_0^1 |\dot{h}(t)|^2\mathrm{d}t\right); f(B)\right]$$
$$= \int_W \exp\left(\int_0^1 \dot{h}(t)\mathrm{d}w(t) - \frac{1}{2}\int_0^1 |\dot{h}(t)|^2\mathrm{d}t\right) f(w)\mu(\mathrm{d}w)$$
$$= \int_W f(w)\mu_h(\mathrm{d}w),$$

其中

$$\mu_h(\mathrm{d}w) = \exp\left(\int_0^1 \dot{h}(t)\mathrm{d}w(t) - \frac{1}{2}\int_0^1 |\dot{h}(t)|^2\mathrm{d}t\right) \mu(\mathrm{d}w).$$

那么 Girsanov 定理说过程 $\tilde{B} = (B_t - h(t) : t \in [0,1])$ 在概率 $\mathbb{Q}$ 之下也是 Brown 运动, 即

$$\int_W f(w - h)\mu_h(\mathrm{d}w) = \mathbb{E}_Q[f(B - h)] = \mathbb{E}[f(B)] = \int_W f(w)\mu(\mathrm{d}w).$$

记 $W$ 上的平移 $\theta_h : w \mapsto w + h$, 那么即对于 $W$ 上的非负可测函数 $f$ 有

$$\int f(w)\mu_h(\mathrm{d}w) = \int f(w - h + h)\mu_h(\mathrm{d}w)$$
$$= \int f(w + h)\mu(\mathrm{d}w) = \int f \circ \theta_h(w)\mu(\mathrm{d}w).$$

用 Cameron-Martin 定理叙述如下.

**定理 5.2.5** (Cameron-Martin) 对于 $h \in H$, Wiener 测度 $\mu$ 在 $W$ 上的平移映射 $\theta_h$ 之下的像关于 $\mu$ 绝对连续, 即

$$\mu \circ \theta_h^{-1} = \mu_h.$$

或者说沿着 Cameron-Martin 空间的函数方向平移, Wiener 测度有拟不变性.

因此，虽然 Girsanov 定理在某种意义下是 Cameron-Martin 定理的推广，但在计算 Wiener 测度在平移下的像测度这个问题上并不能比 Cameron-Martin 做得更多.

**练习 5.2.7** 设 $B = (B_t)$ 是 Brown 运动. $0 < s < t < 1$ 求条件期望

$$\mathbb{E}\left[\exp\left(\int_0^1 \dot{h}(s)\mathrm{d}B_s - \frac{1}{2}\int_0^1 |\dot{h}(s)|^2 \mathrm{d}s\right) \bigg| B_s, B_t\right].$$

## 5.2.5 鞅表示定理

Itô 公式的第五个应用是鞅表示定理，是 Itô 最先发现并证明的，它是说关于 Brown 运动是 Brown 运动的一个深刻结果. 在多维 Brown 运动场合有一个自然的版本，但这里为了简单起见，我们只考虑一维场合.

设 $B = (B_t)_{t \geq 0}$ 是完备概率空间 $(\Omega, \mathscr{F}, \mathbb{P})$ 上一维标准 Brown 运动. 流 $(\mathscr{F}_t^0)$ (还有 $\mathscr{F}_\infty^0 = \sigma(\bigcup_{t>0} \mathscr{F}_t^0)$) 是由 Brown 运动 $(B_t)_{t \geq 0}$ 生成的自然流. 设 $\mathscr{F}_\infty$ 是 $\mathscr{F}_\infty^0$ 的完备化且 $\mathscr{F}_t$ 是 $\mathscr{F}_t^0$ 加入 $\mathscr{F}_\infty$ 中的所有零概率集后生成的 $\sigma$- 代数. 实际上可以证明流 $(\mathscr{F}_t)$ 是右连续的.

**定理 5.2.6** 设 $M = (M_t)_{t \geq 0}$ 带流概率空间 $(\Omega, \mathscr{F}, \mathscr{F}_t, \mathbb{P})$ 上的平方可积鞅，那么存在随机过程 $F = (F_t)_{t \geq 0} \in \mathscr{L}^2$，使得对任何 $t \geq 0$,

$$M_t = \mathbb{E}(M_0) + \int_0^t F_s \mathrm{d}B_s \quad \text{a.s.}$$

特别地，任何 Brown 流 $(\mathscr{F}_t)_{t \geq 0}$ 鞅有一个连续修正.

定理的证明依赖于下面的几个引理. 设 $T > 0$ 是任意固定正数.

**引理 5.2.4** 概率空间 $(\Omega, \mathscr{F}_T, \mathbb{P})$ 上的随机变量集合

$$\{\phi(B_{t_1}, \cdots, B_{t_k}) : \forall k \in \mathbb{Z}^+, \ t_j \in [0, T], \ \phi \in C_0^\infty(\mathbb{R}^k)\}$$

在 $L^2(\Omega, \mathscr{F}_T, \mathbb{P})$ 中稠密.

**证明.** 如果 $X \in L^2(\Omega, \mathscr{F}_T, \mathbb{P})$, 那么由定义, 存在一个 $\mathscr{F}_T^0$- 可测函数与 $X$ 几乎处处相等. 因此不失一般性, 我们假设 $X \in L^2(\Omega, \mathscr{F}_T^0, \mathbb{P})$. 根据定义, $\mathscr{F}_T^0 = \sigma\{B_t : t \leq T\}$. 设 $D = \mathbb{Q} \cap [0, T]$, $[0, T]$ 上有理数集合. 因为 $D$ 在 $[0, T]$ 中稠密, 故 $\mathscr{F}_T^0 = \sigma\{B_t : t \in D\}$. 且因为 $D$ 可数, 故我们可以写 $D = \{t_1, \cdots, t_n, \cdots\}$. 令 $D_n = \{t_1, \cdots, t_n\}$, 且 $\mathscr{G}_n = \sigma\{B_{t_1}, \cdots, B_{t_n}\}$, 那么 $\{\mathscr{G}_n\}$ 递增且 $\mathscr{G}_n \uparrow \mathscr{F}_T^0$. 令

## 5.2 ITÔ 公式的应用

$X_n = \mathbb{E}(X|\mathscr{G}_n)$. 那么 $(X_n)_{n\geq 1}$ 是平方空间鞅且由鞅收敛定理, 在几乎处处和 $L^2$-意义下有

$$X_n \to X.$$

而对任何 $n$, $X_n$ 是 $\mathscr{G}_n$ 可测的, 那么存在某个 Borel 可测函数 $f_n : \mathbb{R}^n \to \mathbb{R}$ 使得

$$X_n = f_n(B_{t_1}, \cdots, B_{t_n}).$$

因为 $X_n \in L^2$, 故 $f_n \in L^2(\mathbb{R}^n, \mu)$, 其中 $\mu$ 是 $(B_{t_1}, \cdots, B_{t_n})$ 的分布, 即

$$\mathbb{E}[X_n^2] = \int_{\mathbb{R}^n} f_n(x)^2 \mu(\mathrm{d}x) .$$

再因 $C_0^\infty(\mathbb{R}^n)$ 在 $L^2(\mathbb{R}^n, \mu)$ 稠密, 故对任何 $n$, 存在 $C_0^\infty(\mathbb{R}^n)$ 中的序列 $\{\phi_{nk}\}$ 使得 $\phi_{nk}$ 在 $L^2(\mathbb{R}^n, \mu)$ 中范数收敛于 $f_n$. 由此推出在 $L^2$-收敛的意义下有

$$\phi_{nn}(B_{t_1}, \cdots, B_{t_n}) \to X,$$

引理成立. □

如果 $I \subset \mathbb{R}$ 是个区间, 那么我们用 $L^2(I)$ 表示 $I$ 上关于 Lebesgue 测度平方可积的函数 $h$ 组成的 Hilbert 空间.

**引理 5.2.5** 设 $T > 0$. 对任何 $h \in L^2([0,T])$, 定义指数鞅:

$$M(h)_t = \exp\left\{\int_0^t h(s)\mathrm{d}B_s - \frac{1}{2}\int_0^t h(s)^2 \mathrm{d}s\right\}, \ t \in [0,T], \tag{5.2.16}$$

那么

$$\mathbb{L} := \mathrm{span}\{M(h)_T : h \in L^2([0,T])\}$$

在 $L^2(\Omega, \mathscr{F}_T, \mathbb{P})$ 中稠密, 其中 span 表示向量集张成的线性子空间.

**证明.** 只需证明, 若 $H \in L^2(\Omega, \mathscr{F}_T, \mathbb{P})$ 使得对任何 $\Phi \in \mathbb{L}$, 有 $\mathbb{E}[H \cdot \Phi] = 0$, 那么 $H = 0$.

对任何 $0 = t_0 < t_1 < \cdots < t_n = T$ 与 $c_i \in \mathbb{R}$, 考虑阶梯函数

$$h(t) = \sum_{i=0}^{N-1} c_i 1_{(t_i, t_{i+1}]}(t),$$

那么

$$M(h)_T = \exp\left\{\sum_i c_i(B_{t_{i+1}} - B_{t_i}) - \frac{1}{2}\sum_i c_i^2(t_{i+1} - t_i)\right\} .$$

因为对任何 $\Phi \in \mathbb{L}$ 有 $\mathbb{E}[H\Phi] = 0$, 故

$$\mathbb{E}\left[H \exp\left(\sum_i c_i(B_{t_{i+1}} - B_{t_i}) - \frac{1}{2}\sum_i c_i^2(t_{i+1} - t_i)\right)\right] = 0.$$

那个确定性的正项 $\exp\{-\frac{1}{2}\sum_i c_i^2(t_{i+1} - t_i)\}$ 可以从积分中去掉, 因此推出

$$\mathbb{E}\left[H \exp\left(\sum_i c_i(B_{t_{i+1}} - B_{t_i})\right)\right] = 0.$$

因为 $c_i$ 都是任意数, 故有

$$\mathbb{E}\left[H \exp\left(\sum_i c_i B_{t_i}\right)\right] = 0$$

对任何 $c_i$ 与 $t_i \in [0, T]$ 成立. 显然左边关于 $c_i$ 解析, 这个等式对任何复数 $c_i$ 成立. 推出对任何实数 $x_1, \cdots, x_n$ 有

$$\mathbb{E}\left[H \exp\left(\mathrm{i}\sum_j x_j B_{t_j}\right)\right] = 0. \tag{5.2.17}$$

然后有 Fourier 变换唯一性推出, 对任何 $\phi \in C_b(\mathbb{R}^n)$,

$$\mathbb{E}[H \cdot \phi(B_{t_1}, \cdots, B_{t_n})] = 0. \tag{5.2.18}$$

根据引理 5.2.4, 形如 $\phi(B_{t_1}, \cdots, B_{t_n})$ 的函数全体在 $L^2(\Omega, \mathscr{F}_T, \mathbb{P})$ 中稠密, 故而对任何 $G \in L^2(\Omega, \mathscr{F}_T, \mathbb{P})$ 有

$$\mathbb{E}[H \cdot G] = 0.$$

特别地, $\mathbb{E}[H^2] = 0$ 推出 $H = 0$. $\square$

**定理 5.2.7** (Itô) 设 $\xi \in L^2(\Omega, \mathscr{F}_T, \mathbb{P})$, 那么存在 $F = (F_t)_{t \geq 0} \in \mathscr{L}^2$, 使得

$$\xi = \mathbb{E}[\xi] + \int_0^T F_t \mathrm{d}B_t.$$

**证明.** 由引理 5.2.5, 我们只需对于如 (5.2.16) 中定义的 $\xi = X(h)_T$ (其中 $h \in L^2([0,T])$) 证明定理的结论. 因为 $X(h)_t$ 是指数鞅故它满足下面的积分方程

$$X(h)_T = 1 + \int_0^T X(h)_t \mathrm{d}\left(\int_0^t h(s)\mathrm{d}B_s\right)$$
$$= \mathbb{E}[X(h)_T] + \int_0^T X(h)_t h(t) \mathrm{d}B_t.$$

因此在这种情形下, 我们取 $F_t = X(h)_t h(t)$ 就可以了. $\square$

现在鞅表示定理 5.2.6 从 Itô 的表示定理与鞅性立刻推出.

## 5.3 习题与解答

1. 计算 $\mathbb{E}\int_0^t s\mathrm{d}B_s^2$, $\mathbb{E}\left(\int_0^t s\mathrm{d}B_s^2\right)^2$ 与 $\mathbb{E}\left(\exp(\int_0^t s\mathrm{d}B_s)\right)$.

2. 设 $D \subset \mathbb{R}^d$ 是有界单连通区域, $f$ 是 $\bar{D}$ 上的连续函数, 证明: $f$ 是调和的当且仅当对任何 $x \in D$, $f(B+x)^\tau$ 是鞅, 其中 $B$ 是标准 Brown 运动, $\tau$ 是从 $x$ 出发的 Brown 运动 $B+x$ 关于集合 $D^c$ 的首中时.

3. 设 $X = (X_t)$ 是连续局部鞅且其二次变差过程是确定性的, $X_0 = 0$, 证明: $X$ 是 Gauss 过程.

4. 设 $X, Y$ 是连续半鞅, 求乘积 $XY$ 的协变差过程.

5. (Tanaka) 设 $f$ 是凸函数, $M$ 是局部鞅, 证明: $f(M) = (f(M_t))$ 是半鞅且 $\{f(M_t) - \int_0^t f'_-(M)\mathrm{d}M : t \geq 0\}$ 是个增过程, 其中 $f'_-$ 是左导数.

   证明. 定义 $f$ 的左导数
   $$f'_-(x) = \lim_{y \uparrow 0} \frac{f(x+y) - f(x)}{y}, \ x \in \mathbb{R}.$$

   因为凸性, 右边关于 $y$ 递增, 所以极限存在, 但有可能是无穷, 显然 $f'_-$ 是递增左连续的. 取非负的 $j \in C_0^\infty(-\infty, 0)$ 满足 $\int_\mathbb{R} j(x)\mathrm{d}x = 1$. 令
   $$f_n(x) = \int_\mathbb{R} f(x + y/n) j(y) \mathrm{d}y,$$

   那么 $f \in C^\infty(\mathbb{R})$, 因为 $j$ 是紧支撑的, 而 $f$ 是连续的, 故由有界收敛定理推出, 对任何 $x \in \mathbb{R}$ 有 $f_n(x) \to f(x)$. 由单调收敛定理,
   $$f'_n(x) = (f_n)'_-(x) = \int_{-\infty}^0 f'_-(x + y/n) j(y)\mathrm{d}y \uparrow f'_-(x).$$

   因为 $f'_n$ 递增, 故 $f''_n$ 是非负的. 然后对 $f_n$ 应用 Itô 公式并且应用随机积分的收敛定理 4.4.6 推出结论. □

6. 设 $X$ 是连续半鞅, 证明: $|X|$ 也是连续半鞅, 且 $\langle|X|\rangle = \langle X \rangle$. 由此如果 $B$ 是 Brown 运动, 那么

   (a) $|B|$ 是连续半鞅且它的鞅部分是个 Brown 运动;

(b) 记 $|B|$ 的连续增过程部分为 $L$, $L$ 只在 $\{t: B_t = 0\}$ 上增加, 被称为 $B$ 在零点的局部时, 是由 Lévy 发现的.

证明. $|X|$ 是半鞅实际上已经在上面的习题中证明了, 那么
$$|X_t| - |X_0| - \int_0^t \mathrm{sgn}(X) \mathrm{d}X$$
是增过程, 其中 $\mathrm{sgn}(x) = 1_{\{x>0\}} - 1_{\{x\le 0\}}$ 是绝对值函数的左导数, 因此 $\langle |X| \rangle = \mathrm{sgn}(X)^2 . \langle X \rangle = \langle X \rangle$. 如果 $X$ 是 Brown 运动, 设 $|B|$ 的鞅部分是 $M$, 连续增过程部分是 $L$, 那么 $\langle M \rangle_t = \langle |B| \rangle_t = \langle B \rangle_t = t$, 因此由 Lévy 的刻画, $M$ 是 Brown 运动. 由 Itô 公式, $B^2 = |B_t|^2 = 2|B|.|B| + t$, 因此 $|B|.|B|$ 是连续鞅, 推出 $|B|.L = 0$. 证明了对几乎所有的轨道, $\mathrm{d}L_t$ 的支撑包含在集 $\{t: B_t = 0\}$ 中. □

7. 设 $M$ 是连续局部鞅, $M_0 = 0$ 且 $\langle M \rangle$ 是确定性的. 证明: $M$ 是 Gauss 过程且是独立增量过程.

8. 设 $B$ 是标准 Brown 运动, $X$ 是独立于 $B$ 的正随机变量. 令 $M_t := B_{tX}, t \ge 0$.

(a) 证明: $M$ 是连续局部鞅且它是一个鞅当且仅当 $\mathbb{E}X^{\frac{1}{2}} < \infty$;

(b) 计算 $\langle M \rangle$;

(c) 将结果推广到 $M_t = B_{A_t}$, 其中 $A$ 是一个独立于 $B$ 的从 $0$ 出发的连续增过程.

证明. 设 $\mathscr{F}^0$ 是 Brown 运动的流, $\mathscr{F}_t = \mathscr{F}_t^0 \vee \sigma(X)$. 验证

- $B$ 是 $(\mathscr{F}_t)$-BM;
- $tX$ 是 $(\mathscr{F}_t)$- 停时;
- 自然 $B_{tX}$ 是连续局部鞅;
- 如果 $X$ 有界, 那么 Doob 定理推出 $(B_{tX})$ 是鞅;
- 证明 $\mathbb{E}[|B_{tX} - B_{t(X \wedge n)}|] = \sqrt{t}\mathbb{E}\sqrt{X - X \wedge n}$,

再证明 $\langle M \rangle = tX$. □

# 第六章 随机微分方程

这章的主要目的是介绍随机微分方程及其解的概念,介绍怎么解简单的随机微分方程,并对应用中最重要的无法给出解析解的一类随机微分方程建立起解的存在唯一性定理.

## 6.1 引论

常微分方程是描述确定性运动的方程,随机微分方程通常看成为是一个常微分方程加上一个由 Brown 运动驱动的随机扰动. 例如

$$\frac{\mathrm{d}S_t}{S_t} = r\mathrm{d}t$$

是一个描述利息的常微分方程,得到的是确定性的解. 而最简单的随机微分方程 Black-Scholes 方程

$$\frac{\mathrm{d}S_t}{S_t} = r\mathrm{d}t + \sigma\mathrm{d}B_t$$

表示增长率是一个常数加上一个随机扰动. 随机微分方程也是由 Itô 首先引入的.

我们将简单地介绍下列形式的随机微分方程

$$\mathrm{d}X_t = b(t,X)\mathrm{d}t + \sigma(t,X)\mathrm{d}B_t, \tag{6.1.1}$$

其中 $B$ 是一个 $r$-维标准 Brown 运动, $X$ 是未知的连续 $d$-维过程. 随机微分方程是一个形式,因为实际上随机微分没有意义,随机的积分才有意义. 因此上面的方程是指下列的随机积分方程

$$X_t - X_0 = \int_0^t b(s,X)\mathrm{d}s + \int_0^t \sigma(s,X)\mathrm{d}B_s. \tag{6.1.2}$$

我们先对系数 $(b,\sigma)$ 作个说明.

设 $W^d$ 是 $[0,+\infty)$ 到 $\mathbb{R}^d$ 的连续映射全体,装备紧一致收敛的拓扑,用 $\mathscr{B}(W^d)$ 表示 $W^d$ 上 Borel $\sigma$- 代数,$\mathscr{B}_t(W^d)$ 表示由 $w \mapsto w(s), s \in [0,t]$ 生成的子 $\sigma$- 代数,$\mathbb{R}^d \otimes \mathbb{R}^r$ 表示 $d \times r$ 矩阵全体,$\mathscr{A}^{d,r}$ 表示满足下列条件的可测映射 $\alpha: [0,\infty) \times W^d \longrightarrow \mathbb{R}^d \otimes \mathbb{R}^r$ 全体:对任何 $t \geq 0$,$\alpha(t,\cdot)$ 是 $(W^d, \mathscr{B}_t(W^d))$ 到 $\mathbb{R}^d \otimes \mathbb{R}^r$ 可测的. 自然地,我们要求 $\sigma \in \mathscr{A}^{d,r}, b \in \mathscr{A}^{d,1}$. 这时,$X$ 是 $(\mathscr{F}_t)$- 适应的蕴含着 $\sigma(t, X)$ 是 $(\mathscr{F}_t)$- 循序可测的. 当 $\sigma(t, X) = \sigma(t, X_t), b(t, X) = b(t, X_t)$ 时,即 $\sigma(t,\cdot), b(t, cdot)$ 仅依赖于时间 $t$ 与位置 $X_t$ 时,我们称方程是 Markov 型的. 我们在本节考虑的方程都是 Markov 型的

$$dX_t = b(t, X_t)dt + \sigma(t, X_t)dB_t, \tag{6.1.3}$$

它的积分形式是

$$X_t - X_0 = \int_0^t b(s, X_s)ds + \int_0^t \sigma(s, X_s)dB_s. \tag{6.1.4}$$

更特别的情形是当 $\sigma(t, X) = \sigma(X_t), b(t, X) = b(X_t)$ 时,即 $\sigma(t,\cdot), b(t,\cdot)$ 仅依赖于位置 $X_t$ 时,称方程是时齐 Markov 型或者 Itô 型的.

另外我们需要重点解释一下随机微分方程的解的存在唯一性意义,随机微分方程的解要比常微分方程难以理解得多,因为这里还有一个 Brown 运动. 说随机微分方程的解实际上是把方程纯粹看成是一个给出系数函数 $b, \sigma$ 的形式.

**定义 6.1.1** 只给定两个函数 $b, \sigma$ 如上,随机微分方程 (6.1.3) (也称为方程 $(b, \sigma)$) 的解是指在某个带有流 $(\mathscr{F}_t)$ 的概率空间 $(\Omega, \mathscr{F}, \mathbb{P})$ 上的两个连续适应过程 $(X, B)$,满足:

(1) $B$ 是 $\mathbb{R}^r$ 上标准 $(\mathscr{F}_t)$-Brown 运动;

(2) (6.1.4) 式成立.

也就是说,概率空间及其上的 Brown 运动都是解的组成部分,只有系数是给定的. 解的唯一性有两种不同的解释.

**定义 6.1.2** 我们说方程 (6.1.3) 的解有轨道唯一性是指对于给定初值和 Brown 运动 $B$,从轨道的意义上只有唯一的一个随机过程满足此方程,即若在同一个带流的概率空间上有两个解 $(X, B)$ 和 $(X', B')$ 且若 $B = B', X_0 = X_0'$ a.s.,则 $X = X'$ a.s. 另外我们说解有分布唯一性是指两个具有相同初始分布的解 $X$ 和 $X'$ 是等价的,即有相同的有限维分布族. 通常说的随机微分方程解的唯一性是指分布唯一性.

除了解的概念之外, 还有一个强解的概念也一样重要. 说方程 (6.1.3) 的解 $(X,B)$ 是强解, 如果 $X$ 关于 $B$ 生成的且完备化的流 $(\mathscr{F}_t^B)$ 适应. 非强解的解称为弱解. 后面叙述的一个重要定理说明, 强解存在可以推出方程在概率空间和 Brown 运动任意给定时有解. 实际上, 与其说强解是解不如说是一个对应法则, 是指任意一个初值和 Brown 运动对应 (至少) 有一个解, 这时如果有轨道唯一性, 那么对应唯一一个解.

下面是随机微分方程的一个简单但著名的例子, 它诠释了上面定义中的那些概念, 有解但没有强解, 有分布唯一性但没有轨道唯一性.

**例 6.1.1** (Tanaka) 考虑一维随机微分方程:

$$X_t = \int_0^t \mathrm{sgn}(X_s)\mathrm{d}B_s, \quad 0 \leq t < \infty,$$

其中 $\mathrm{sgn}(x) = 1_{\{x \geq 0\}} - 1_{\{x < 0\}}$. 或者说是初值为零的随机微分方程

$$\mathrm{d}X_t = \mathrm{sgn}(X_t)\mathrm{d}B_t.$$

有下面的结论:

(1) 分布唯一性成立, 因为解 $X$ 总是标准 Brown 运动 (由 Lévy 的刻画定理);

(2) 有一个弱解. 设 $W_t$ 是一维标准 Brown 运动且 $B_t = \int_0^t \mathrm{sgn}(W_s)\mathrm{d}W_s$, 那么 $B$ 也是一维标准 Brown 运动且

$$W_t = \int_0^t \mathrm{sgn}(W_s)\mathrm{d}B_s,$$

即 $(W, B)$ 是解;

(3) 如果 $(X, B)$ 是解, 那么 $(-X, B)$ 也是解. 因此轨道唯一性不成立;

(4) 没有强解. 这个的证明比较困难, 请参考 [10].

## 6.2 随机微分方程的一些例子

### 6.2.1 线性 Gauss 扩散

线性随机微分方程可以被显式地解出来. 考虑

$$\mathrm{d}X_t^j = \sum_{i=1}^n \sigma_i^j \mathrm{d}B_t^i + \sum_{k=1}^N \beta_k^j X_t^k \mathrm{d}t \tag{6.2.1}$$

($j = 1, \cdots, N$), 其中 $B$ 是一个 $n$- 维 Brown 运动, $\sigma = (\sigma_i^j)$ 是常数 $N \times n$ 矩阵, $\beta = (\beta_k^j)$ 是常数 $N \times N$ 矩阵. (6.2.1) 可以写成为

$$dX_t = \sigma dB_t + \beta X_t dt .$$

设

$$e^{\beta t} = \sum_{k=0}^{\infty} \frac{t^k}{k!} \beta^k$$

是方阵 $\beta$ 的指数. 应用 Itô 公式, 我们有

$$\begin{aligned} e^{-\beta t} X_t - X_0 &= \int_0^t e^{-\beta s} dX_s - \int_0^t e^{-\beta s} \beta X_s ds \\ &= \int_0^t e^{-\beta s} (dX_s - \beta X_s ds) \\ &= \int_0^t e^{-\beta s} \sigma dB_s \end{aligned}$$

因此

$$X_t = e^{\beta t} X_0 + \int_0^t e^{\beta(t-s)} \sigma dB_s .$$

特别地, 如果 $X_0 = x$, 那么 $X_t$ 是均值 $e^{\beta t} x$ 的正态分布. 例如, 若 $n = N = 1$, 则

$$X_t \sim N(e^{\beta t} x, \frac{\sigma^2}{2\beta} \left( e^{2\beta t} - 1 \right)) .$$

可以证明 $(X_t)$ 是扩散过程 (即连续的马氏过程), 称为 Orstein-Uhlenbeck 过程, 其转移概率函数 $p(t, x, z)$ 为

$$\begin{aligned} P_t f(x) &:= \int_{\mathbb{R}^N} f(z) p(t, x, z) dz \\ &= \mathbb{E} \left( f(X_t) | X_0 = x \right) , \end{aligned}$$

因此

$$\begin{aligned} (P_t f)(x) &= \mathbb{E} \left( f(X_t) | X_0 = x \right) \\ &= \int_{\mathbb{R}} f(z) \frac{1}{\sqrt{2\pi \frac{\sigma^2}{2} \left( e^{2\beta t} - 1 \right)}} \exp \left( - \frac{|z - e^{\beta t} x|^2}{\frac{\sigma^2}{\beta} \left( e^{2\beta t} - 1 \right)} \right) dz , \end{aligned}$$

故

$$p(t, x, z) = \frac{1}{\sqrt{2\pi \frac{\sigma^2}{2} \left( e^{2\beta t} - 1 \right)}} \exp \left( - \frac{|z - e^{\beta t} x|^2}{\frac{\sigma^2}{2} \left( e^{2\beta t} - 1 \right)} \right) .$$

## 6.2 随机微分方程的一些例子

为了证明 $(X_t)$ 是 Markov 过程, 我们需要验证

$$\{p(t,x,y) : t > 0\}$$

是转移函数, 即满足 Chapman-Kolmogorov 方程

$$\int_{\mathbb{R}^n} p(t,x,y)p(s,y,z)\mathrm{d}y = p(s+t,x,z), \quad s,t \geq 0, \ x, z \in \mathbb{R}^n. \tag{6.2.2}$$

**练习 6.2.1** 验证 $p(t,x,y)$ 满足 Chapman-Kolmogorov 方程.

**练习 6.2.2** 很容易从上面的表达式看出

$$\frac{\mathrm{d}}{\mathrm{d}x}(P_t f) = \mathrm{e}^{\beta t} P_t \left(\frac{\mathrm{d}}{\mathrm{d}x} f\right).$$

**练习 6.2.3** 若 $X_0 = x \in \mathbb{R}^n$, 计算 $\mathbb{E}f(X_t)$, 其中 $X_t$ 是漂移矩阵为 $A$ 的 Ornstein-Uhlenbeck 过程.

### 6.2.2 几何 Brown 运动

考虑 Black-Scholes 模型

$$\mathrm{d}S_t = S_t(\mu\mathrm{d}t + \sigma\mathrm{d}B_t). \tag{6.2.3}$$

方程 (6.2.3) 的解是半鞅

$$\int_0^t \mu\mathrm{d}s + \int_0^t \sigma\mathrm{d}B_s$$

的随机指数

$$S_t = S_0 \exp\left\{\int_0^t \sigma\mathrm{d}B_s + \int_0^t \left(\mu - \frac{1}{2}\sigma^2\right)\mathrm{d}s\right\}.$$

当 $\sigma$ 与 $\mu$ 为常数时,

$$S_t = S_0 \exp\left\{\sigma B_t + \left(\mu - \frac{1}{2}\sigma^2\right)t\right\},$$

它称为几何 Brown 运动. 若 $S_0 = x > 0$, 则 $S_t$ 还是正的, 且

$$\log S_t = \log x + \sigma B_t + \left(\mu - \frac{1}{2}\sigma^2\right)t$$

是均值为 $\log x + \left(\mu - \frac{1}{2}\sigma^2\right)t$, 方差为 $\sigma^2$ 的正态分布. 类似地, 作为随机微分方程 (6.2.3) 的解, $(S_t)_{t\geq 0}$ 是一个扩散过程, 它的分布由转移函数 $P_t(x, \mathrm{d}z)$ 决定, 且按定义

$$\begin{aligned}
\int_{\mathbb{R}} f(z) P_t(x, \mathrm{d}z) &= \mathbb{E}\left(f(X_t) | X_0 = x\right) \\
&= \mathbb{E}\left(f(x\mathrm{e}^{\sigma B_t + (\mu - \frac{1}{2}\sigma^2)t})\right) \\
&= \int_{\mathbb{R}} f(x\mathrm{e}^{\sigma z + (\mu - \frac{1}{2}\sigma^2)t}) \frac{1}{\sqrt{2\pi t}} \mathrm{e}^{-\frac{z^2}{2\pi t}} \mathrm{d}z \\
&= \int_0^{\infty} f(y) \frac{1}{\sigma y \sqrt{2\pi t}} \mathrm{e}^{-\frac{1}{2\pi t}\left(\frac{1}{\sigma}\log\frac{y}{x} - \left(\frac{\mu}{\sigma} - \frac{1}{2}\sigma\right)\right)^2} \mathrm{d}y
\end{aligned}$$

其中我们假设 $\sigma > 0$, 做变量替换

$$x\mathrm{e}^{\sigma z + \left(\mu - \frac{1}{2}\sigma^2\right)t} = y .$$

如常定义 $(P_t f)(x) = \int_{\mathbb{R}} f(z) P_t(x, \mathrm{d}z)$. 由前一公式第三行得

$$\begin{aligned}
(P_t f)(x) &= \int_{\mathbb{R}} f(x\mathrm{e}^{\sigma z + (\mu - \frac{1}{2}\sigma^2)t}) \frac{1}{\sqrt{2\pi t}} \mathrm{e}^{-\frac{z^2}{2\pi t}} \mathrm{d}z \\
&= \int_{\mathbb{R}} f(x\mathrm{e}^{\sigma \sqrt{t} y + (\mu - \frac{1}{2}\sigma^2)t}) \frac{1}{\sqrt{2\pi}} \mathrm{e}^{-\frac{y^2}{2\pi}} \mathrm{d}y \\
&= \mathbb{E}\left(f(x\mathrm{e}^{\sigma \sqrt{t} \xi + (\mu - \frac{1}{2}\sigma^2)t})\right),
\end{aligned}$$

其中 $\xi \sim N(0, 1)$. 比较 $P_t(x, \mathrm{d}y)$ 的定义, 我们得

$$P_t(x, \mathrm{d}y) = \frac{1}{\sqrt{2\pi t}} \frac{1}{\sigma y} \exp\left\{-\frac{1}{2\pi t}\left(\frac{1}{\sigma}\log\frac{y}{x} - \left(\frac{\mu}{\sigma} - \frac{1}{2}\sigma\right)\right)^2\right\} \mathrm{d}y, \ x, y \in (0, +\infty)$$

即 $(S_t)$ 有转移概率密度

$$p(t, x, y) = \frac{1}{\sqrt{2\pi t}} \frac{1}{\sigma y} \exp\left\{-\frac{1}{2\pi t}\left(\frac{1}{\sigma}\log\frac{y}{x} - \left(\frac{\mu}{\sigma} - \frac{1}{2}\sigma\right)\right)^2\right\}, \ x, y \in (0, +\infty) .$$

### 6.2.3 Girsanov 公式

考虑简单随机微分方程

$$\mathrm{d}X_t = \mathrm{d}B_t + b(t, X_t)\mathrm{d}t \tag{6.2.4}$$

## 6.2 随机微分方程的一些例子

其中 $b(t,x)$ 是 $[0,+\infty) \times \mathbb{R}$ 上有界 Borel 可测函数. 我们可以用概率变换的手段解方程 (6.2.4).

设 $(W_t)_{t\geq 0}$ 是 $(\Omega, \mathscr{F}, \mathscr{F}_t, \mathbb{P})$ 上标准 Brown 运动, 定义 $(\Omega, \mathscr{F}_\infty)$ 上概率测度 $\mathbb{Q}$ 为

$$\left.\frac{\mathrm{d}\mathbb{Q}}{\mathrm{d}\mathbb{P}}\right|_{\mathscr{F}_t} = \mathscr{E}(N)_t,\ t \geq 0,$$

其中

$$N_t = \int_0^t b(s, W_s)\mathrm{d}W_s$$

关于测度 $\mathbb{P}$ 是鞅, 且 $\langle N \rangle_t = \int_0^t b(s, W_s)^2 \mathrm{d}s$, 它在任何有限区间上连续. 因此

$$\mathscr{E}(N)_t = \exp\left(\int_0^t b(s, W_s)\mathrm{d}W_s - \frac{1}{2}\int_0^t b(s, W_s)^2 \mathrm{d}s\right)$$

是一个鞅 (是局部鞅, 需要适当的条件成为鞅). 按照 Girsanov 定理

$$B_t \equiv W_t - W_0 - \langle W, N \rangle_t$$

在新测度 $\mathbb{Q}$ 下是鞅, 且 $\langle B \rangle_t = \langle W \rangle_t = t$. 由 Lévy 的鞅刻画定理推出 $(B_t)_{t\geq 0}$ 在测度 $\mathbb{Q}$ 下是 Brown 运动. 进一步,

$$\begin{aligned}\langle W, N \rangle_t &= \langle \int_0^t \mathrm{d}W_s, \int_0^t b(s, W_s)\mathrm{d}W_s \rangle \\ &= \int_0^t b(s, W_s)\mathrm{d}s,\end{aligned}$$

故

$$W_t - W_0 - \int_0^t b(s, W_s)\mathrm{d}s = B_t$$

是 $(\Omega, \mathscr{F}, Q)$ 上标准 Brown 运动. 因此

$$W_t = W_0 + B_t + \int_0^t b(s, W_s)\mathrm{d}s, \tag{6.2.5}$$

那么 $(\Omega, \mathscr{F}_\infty, \mathbb{Q})$ 上的 $(W_t)_{t\geq 0}$ 是 (6.2.4) 的解. 这个解是随机微分方程 (6.2.4) 的一个弱解.

**定理 6.2.1** (Cameron-Martin-Girsanov) 设

$$b(t,x) = (b^i(t,x) : i = 1, \cdots n) : [0, +\infty) \times \mathbb{R}^n \longrightarrow \mathbb{R}^n$$

是有界 Borel 可测的, $W_t = (W^1, \cdots, W^n)$ 是 $(\Omega, \mathscr{F}, \mathscr{F}_t, \mathbb{P})$ 上一标准 Brown 运动, 定义 $(\Omega, \mathscr{F}_\infty)$ 上概率测度 $Q$ 如下: 对任何 $t > 0$,

$$\left.\frac{\mathrm{d}Q}{\mathrm{d}\mathbb{P}}\right|_{\mathscr{F}_t} = \exp\left\{\sum_{k=1}^n \int_0^t b^k(s, W_s)\mathrm{d}W_s^k - \frac{1}{2}\sum_{k=1}^n \int_0^t \left|b^k(s, W_s)\right|^2 \mathrm{d}s\right\},$$

那么存在概率测度 $\mathbb{Q}$ 下的 Brown 运动 $(B_t^1, \cdots, B_t^n)_{t \geq 0}$ 使得 $(W_t)_{t \geq 0}$ 在概率测度 $\mathbb{Q}$ 下是

$$\mathrm{d}X_t^j = \mathrm{d}B_t^j + b^j(t, X_t)\mathrm{d}t \tag{6.2.6}$$

的解.

另一方面, 如果 $(X_t)$ 是方程 (6.2.6) 在某个概率空间 $(\Omega, \mathscr{F}, \mathscr{F}_t, \mathbb{P})$ 上的解, 定义 $\tilde{\mathbb{P}}$:

$$\left.\frac{\mathrm{d}\tilde{\mathbb{P}}}{\mathrm{d}\mathbb{P}}\right|_{\mathscr{F}_t} = \exp\left\{-\sum_{k=1}^n \int_0^t b^k(s, X_s)\mathrm{d}B_s^k - \frac{1}{2}\sum_{k=1}^n \int_0^t \left|b^k(s, X_s)\right|^2 \mathrm{d}s\right\},$$

我们可以证明 $(X_t)_{t \geq 0}$ 在概率测度 $\tilde{\mathbb{P}}$ 下是 Brown 运动. 因此方程 (6.2.6) 的解有分布唯一性: 其所有解同分布.

## 6.3 随机微分方程基本定理

随机微分方程的解的存在唯一性不同的意义在不同的场合使用, 如果我们关心轨道或者 Brown 运动是预先给定的, 那么我们需要考虑强解, 反之如果我们只关心过程的分布或者构造一个过程, 那么只需要考虑弱解就可以了. 但是在大多数情况下, 我们考虑方程的解就足够了, 只有需要用同一个 Brown 运动构造不同的解的时候才需要用到强解. 随机微分方程的存在唯一性理论有三大定理, 下面第一个定理是说解的存在性和轨道唯一性一起蕴含有强解存在唯一性.

**定理 6.3.1** 如果方程 (6.1.3) 有轨道唯一性, 那么

(1) 分布唯一性也成立;

(2) 解的存在性蕴含着强解存在, 实际上, 存在一个适当的泛函 $F: \mathbb{R}^d \times W^r \longrightarrow W^d$, 使得 $X = F(X_0, B)$.

第二个定理是说系数 $b, \sigma$ 的有界连续性可以保证随机微分方程解的存在性, 矩阵 $\sigma\sigma^\mathrm{T}$ 的一致正定性保证解的唯一性.

**定理 6.3.2** 如果随机微分方程的系数函数 $b$ 和 $\sigma$ 在其所定义的空间上是有界且连续的, 那么对任何给定的 $x \in \mathbb{R}^d$, 存在解 $(X, B)$ 使得 $X_0 = x$. 如果随机微分方程是 Itô 型的, 那么有界性条件可以去掉, 并且当矩阵 $\sigma\sigma^{\mathrm{T}}$ 是一致正定有界连续, $b$ 是有界 Borel 可测时, 方程解的唯一性成立.

第三个定理是说对于 Itô 型方程, 系数 $b, \sigma$ 的局部 Lipschitz 性质保证解的轨道唯一性.

**定理 6.3.3** 如果随机微分方程是 Itô 型的且系数 $b, \sigma$ 满足局部 Lipschitz 条件, 那么方程解的轨道唯一性成立, 因此由前一个定理, 方程的强解存在唯一.

实际上, 当方程的系数满足整体 Lipschitz 条件时, 用 Picard 迭代的方法可以直接证明强解的存在唯一性, 见下节. 下面的定理是第三个定理的补充, 是说在维数为 1 的时候, 条件可以减弱: $b$ 满足整体 Lipschitz 条件, $\sigma$ 的条件只需要某种 Hölder 连续.

**定理 6.3.4** (Yamada-Watanabe) 考虑一维 Markov 型方程, 即 $d = r = 1$, 满足对所有的 $t \geq 0, x, y \in \mathbb{R}$

(1) $|b(t, x) - b(t, y)| \leq C \cdot |x - y|$,

(2) $|\sigma(t, x) - \sigma(t, y)| \leq h(|x - y|)$,

其中 $h: \mathbb{R}_+ \to \mathbb{R}_+$ 严格增, $h(0) = 0$ 且 $\int_{0+} \frac{\mathrm{d}x}{h^2(x)} = \infty$, 那么方程有轨道唯一性.

## 6.4 强解: 存在唯一性

在本节中, 我们将介绍强解存在唯一性的基本结果. 由定义, 强解必是 (弱) 解. 我们将证明在系数满足整体 Lipschitz 条件下的一个存在唯一性结论, 证明基于两个不等式: Gronwall 不等式与 Doob 的 $L^p$- 不等式.

**引理 6.4.1** (Gronwall) 如果一个非负函数满足积分方程

$$g(t) \leq h(t) + \alpha \int_0^t g(s)\mathrm{d}s, \qquad 0 \leq t \leq T,$$

其中 $\alpha \geq 0$ 是常数且 $h: [0, T] \to \mathbb{R}$ 是可积函数, 那么

$$g(t) \leq h(t) + \alpha \int_0^t \mathrm{e}^{\alpha(t-s)} h(s)\mathrm{d}s, \qquad 0 \leq t \leq T.$$

证明. 设 $F(t) = \int_0^t g(s)\mathrm{d}s$. 那么 $F(0) = 0$ 且

$$F'(t) \leq h(t) + \alpha F(t),$$

故

$$\left(\mathrm{e}^{-\alpha t} F(t)\right)' \leq \mathrm{e}^{-\alpha t} h(t).$$

对这个微分不等式积分，我们得到

$$\int_0^t \left(\mathrm{e}^{-\alpha s} F(s)\right)' \mathrm{d}s \leq \int_0^t \mathrm{e}^{-\alpha s} h(s) \mathrm{d}s,$$

因此有

$$F(t) \leq \int_0^t \mathrm{e}^{\alpha(t-s)} h(s) \mathrm{d}s,$$

这推出 Gronwall 不等式. $\square$

考虑下面的随机微分方程

$$\mathrm{d}X_t^j = \sum_{l=1}^n f_l^j(t, X_t)\mathrm{d}B_t^l + f_0^j(t, X_t)\mathrm{d}t, \ j = 1, \cdots, N, \tag{6.4.1}$$

其中 $f_k^j(t, x)$ 是 $\mathbb{R}^+ \times \mathbb{R}^N$ 上 Borel 可测函数，且在任何 $\mathbb{R}^N$ 的紧子集上有界. 我们将利用 Picard 迭代法来证明存在唯一性. 证明中的主要工具是 Doob 的 $L^p$- 不等式的一个特殊情况: 如果 $(M_t)_{t\geq 0}$ 是平方可积连续鞅，且 $M_0 = 0$，那么对任何 $t > 0$，

$$\mathbb{E}\left\{\sup_{s\leq t} |M_s|^2\right\} \leq 4 \sup_{s\leq t} \mathbb{E}\left(|M_s|^2\right) = 4\mathbb{E}\langle M \rangle_t. \tag{6.4.2}$$

**引理 6.4.2** 设 $(B_t)_{t\geq 0}$ 是 $(\Omega, \mathscr{F}_t, \mathscr{F}, \mathbb{P})$ 上实值标准 Brown 运动，且 $(Z_t)_{t\geq 0}$ 与 $(\tilde{Z}_t)_{t\geq 0}$ 是连续适应过程. 设 $f(t, x)$ 是一个 Lipschitz 函数

$$|f(t, x) - f(t, y)| \leq C|x - y|, \ \forall t \geq 0, \ x, y \in \mathbb{R}$$

其中 $C$ 是常数.

(1) 如果

$$M_t = \int_0^t f(s, Z_s)\mathrm{d}B_s - \int_0^t f(s, \tilde{Z}_s)\mathrm{d}B_s, \ \forall t \geq 0,$$

那么

$$\mathbb{E}\sup_{s\leq t} |M_s|^2 \leq 4C^2 \int_0^t \mathbb{E}\left|Z_s - \tilde{Z}_s\right|^2 \mathrm{d}s, \ \forall t \geq 0;$$

## 6.4 强解: 存在唯一性

(2) 如果
$$N_t = \int_0^t f(s, Z_s)\mathrm{d}s - \int_0^t f(s, \tilde{Z}_s)\mathrm{d}s, \ \forall t \geq 0,$$
那么
$$\mathbb{E}\sup_{s \leq t}|N_s|^2 \leq C^2 t \int_0^t \mathbb{E}\left|Z_s - \tilde{Z}_s\right|^2 \mathrm{d}s, \ \forall t \geq 0 \ .$$

证明. 为证明第一个结论, 我们注意到
$$\sup_{s \leq t}|M_s|^2 = \sup_{s \leq t}\left|\int_0^s \big(f(u, Z_u) - f(u, \tilde{Z}_u)\big)\mathrm{d}B_u\right|^2.$$

由 Doob 的 $L^2$- 不等式,

$$\begin{aligned}
\mathbb{E}\sup_{s \leq t}|M_s|^2 &= \mathbb{E}\sup_{s \leq t}\left|\int_0^s \big(f(u, Z_u) - f(u, \tilde{Z}_u)\big)\mathrm{d}B_u\right|^2 \\
&\leq 4\mathbb{E}\left|\int_0^t \big(f(s, Z_s) - f(s, \tilde{Z}_s)\big)\mathrm{d}B_s\right|^2 \\
&= 4\mathbb{E}\int_0^t \left|f(s, Z_s) - f(s, \tilde{Z}_s)\right|^2 \mathrm{d}s \\
&\leq 4C^2 \int_0^t \mathbb{E}\left|Z_s - \tilde{Z}_s\right|^2 \mathrm{d}s \ .
\end{aligned}$$

接着证明第二个结论. 事实上,

$$\begin{aligned}
\sup_{s \leq t}|N_s|^2 &= \sup_{s \leq t}\left|\int_0^s \big(f(u, Z_u) - f(u, \tilde{Z}_u)\big)\mathrm{d}u\right|^2 \\
&\leq \left(\int_0^t \left|f(s, Z_s) - f(s, \tilde{Z}_s)\right|\mathrm{d}s\right)^2 \\
&\leq t\int_0^t \left|f(s, Z_s) - f(s, \tilde{Z}_s)\right|^2 \mathrm{d}s \\
&\leq C^2 t \int_0^t \left|Z_s - \tilde{Z}_s\right|^2 \mathrm{d}s,
\end{aligned}$$

然后第二个不等式由 Schwarz 不等式推出. □

**定理 6.4.1** 考虑方程 (6.4.1). 如果 $f_i^j$ 满足 Lipschitz 条件:
$$\left|f_i^j(t, x) - f_i^j(t, y)\right| \leq C|x - y| \tag{6.4.3}$$

与线性增长条件
$$\left|f_i^j(t, x)\right| \leq C(1 + |x|), \tag{6.4.4}$$

其中 $t \in \mathbb{R}^+$, $x, y \in \mathbb{R}^N$, 那么对任何 $\eta \in L^2(\Omega, \mathscr{F}_0, \mathbb{P})$ 与 $\mathbb{R}^n$- 值的标准 Brown 运动 $B_t = (B_t^i)$, 方程 (6.4.1) 存在唯一的强解 $(X_t)$, 满足初值条件 $X_0 = \eta$.

证明. 为了符号简单起见，让我们考虑一维情况下随机微分方程的对应结果

$$dX_t = f(t, X_t)dB_t , \quad X_0 = \eta.$$

如同常微分方程一样，我们通过 Picard 迭代构造逼近解：

$$Y_0(t) = \eta$$

且

$$Y_{n+1}(t) = \eta + \int_0^t f(s, Y_n(s))dB_s ,$$

其中 $n = 0, 1, 2, \cdots$. 我们将证明对任何 $T > 0$, 序列 $\{Y_n(t)\}$ 在 $[0, T]$ 上一致地几乎处处收敛于一个解 $Y(t)$. 注意到每个 $Y_n$ 都是连续平方可积鞅，故由 Itô 等距及 (6.4.4)，得

$$\mathbb{E}\left[|Y_1(t) - Y_0(t)|^2\right] \leq \mathbb{E}\left[\left(\int_0^t |f(\tau, \eta)|dB_\tau\right)^2\right]$$
$$= \mathbb{E}\int_0^t f(\tau, \eta)^2 ds$$
$$\leq 2tC^2\left(1 + \mathbb{E}\eta^2\right) \leq tK,$$

其中 $K = 2C^2(1 + \mathbb{E}\eta^2)$. 同样地，且对任何 $t \leq T$, 由 $f$ 的 Lipschitz 连续连续性推出

$$\mathbb{E}|Y_{n+1}(t) - Y_n(t)|^2 = \mathbb{E}\left[\left(\int_0^t (f(s, Y_n(s)) - f(s, Y_{n-1}(s)))dB_r\right)^2\right]$$
$$\leq \mathbb{E}\int_0^t (f(s, Y_n(s)) - f(s, Y_{n-1}(s)))^2 ds$$
$$\leq C^2 \int_0^t \mathbb{E}|Y_n(s) - Y_{n-1}(s)|^2 ds.$$

应用归纳法推出当 $t \leq T$ 时

$$\mathbb{E}\left[|Y_{n+1}(t) - Y_n(t)|^2\right] \leq \frac{(C^2)^n t^n}{n!} tK.$$

利用 Doob 极大不等式与 Cauchy 不等式推出

$$\sum_{n=0}^{\infty} \mathbb{E}\left[\sup_{t \leq T} |Y_{n+1}(t) - Y_n(t)|\right] < \infty,$$

因此 $\{Y_n : n \geq 1\}$ 几乎处处在 $t \in [0, T]$ 上一致地收敛于某个随机过程 $(X_t)$, 容易看出 $(X_t)$ 是随机微分方程的强解.

下面我们证明唯一性. 设 $Y$ 与 $Z$ 是同一个 Brown 运动下的两个解, 那么

$$Y_t = \eta + \int_0^t f(s, Y_s) \mathrm{d}B_s$$

且

$$Z_t = \eta + \int_0^t f(s, Z_s) \mathrm{d}B_s \,.$$

如同在存在性的证明中那样,

$$\mathbb{E}\left(|Y_t - Z_t|^2\right) \leq 4C^2 \int_0^t \mathbb{E}|Y_s - Z_s|^2 \mathrm{d}s,$$

由 Gronwall 不等式推出

$$\mathbb{E}\left(|Y_t - Z_t|^2\right) = 0 \,.$$

$\square$

**注释 6.4.1.** 定理 6.4.1 中构造的迭代 $Y_n$ 是 Brown 运动的函数, 或者说 $Y_n(t)$ 仅依赖于初值 $\eta$ 与 $(B_s : 0 \leq s \leq t)$.

## 6.5 鞅与弱解

考虑时间齐次的随机微分方程

$$\mathrm{d}X_t^i = \sum_{j=1}^m \sigma_j^i(X_t) \mathrm{d}B_t^j + b^i(X_t) \mathrm{d}t, \tag{6.5.1}$$

其中 $\sigma_j^i, b^i \in C^{\infty}(\mathbb{R}^n)$ 是有有界导数的光滑函数, 且 $B = (B_t)$ 是 $(\Omega, \mathscr{F}, \mathscr{F}_t, \mathbb{P})$ 上 $m$- 维 Brown 运动. 设 $X = (X_t)_{\geq 0}$ 是具有初值 $X_0$ 的唯一强解. 如果 $f \in C_b^2(\mathbb{R}^n, \mathbb{R})$, 那么由 Itô 公式,

$$f(X_t) - f(X_0) = \int_0^t \sum_{k=1}^n \frac{\partial f}{\partial x^k}(X_s) \mathrm{d}X_s^k$$
$$+ \frac{1}{2} \int_0^t \sum_{k,l=1}^n \frac{\partial^2 f}{\partial x^k \partial x^l}(X_s) \mathrm{d}\langle X^k, X^l \rangle_s \,.$$

按照 (6.5.1) 式,
$$\langle X^k, X^l \rangle_t = \int_0^t \sum_{j=1}^m \sigma_j^k(X_s) \sigma_j^l(X_s) \mathrm{d}s,$$

我们得到
$$f(X_t) - f(X_0) = \int_0^t \sum_{j=1}^m \left( \sum_{k=1}^n \sigma_j^k \frac{\partial}{\partial x^k} \right) f(X_s) \mathrm{d}B_s^j$$
$$+ \int_0^t \left( \frac{1}{2} \sum_{k,l=1}^n \sum_{j=1}^m \sigma_j^k \sigma_j^l \frac{\partial^2}{\partial x^k \partial x^l} + \sum_{k=1}^n b^k \frac{\partial}{\partial x^k} \right) f(X_s) \mathrm{d}s\,.$$

定义 $a = (a^{kl})_{k,l \leq n}$, 其中
$$a^{kl} = \sum_{j=1}^m \sigma_j^k \sigma_j^l,$$

则 $(a^{kl})_{k,l \leq n}$ 对称且非负定. 设
$$L = \frac{1}{2} \sum_{k,l=1}^n a^{kl} \frac{\partial^2}{\partial x^k \partial x^l} + \sum_{k=1}^n b^k \frac{\partial}{\partial x^k}, \tag{6.5.2}$$

它是 $\mathbb{R}^n$ 上一个二阶椭圆型微分算子, 满足
$$f(X_t) - f(X_0) = \int_0^t \sum_{j=1}^m \left( \sum_{k=1}^n \sigma_j^k \frac{\partial}{\partial x^k} \right) f(X_s) \mathrm{d}B_s^j + \int_0^t (Lf)(X_s) \mathrm{d}s\,.$$

对任何 $f$, 定义
$$M_t^f = f(X_t) - f(X_0) - \int_0^t (Lf)(X_s) \mathrm{d}s,$$

则对任何 $f \in C_b^2(\mathbb{R})$,
$$M_t^f = \int_0^t \sum_{j=1}^m \left( \sum_{k=1}^n \sigma_j^k \frac{\partial}{\partial x^k} \right) f(X_s) \mathrm{d}B_s^j$$

是 $(\Omega, \mathscr{F}, \mathscr{F}_t, \mathbb{P})$ 上的一个鞅, 且
$$\langle M^f, M^g \rangle_t = \int_0^t \sum_{j=1}^m \left( \sum_{k,l=1}^n \sigma_j^l \sigma_j^k \frac{\partial f}{\partial x^k} \frac{\partial g}{\partial x^l} \right)(X_s) \mathrm{d}s$$
$$= \int_0^t \left( \sum_{k,l=1}^n a^{kl} \frac{\partial f}{\partial x^k} \frac{\partial g}{\partial x^l} \right)(X_s) \mathrm{d}s\,.$$

因此我们证明了下面命题.

## 6.5 鞅与弱解

**命题 6.5.1** 如果 $(X_t)_{t\geq 0}$ 是方程 (6.5.1) 在 $(\Omega, \mathscr{F}, \mathscr{F}_t, \mathbb{P})$ (给定 Brown 运动) 的强解, 那么对任何 $f \in C_b^2(\mathbb{R})$,

$$M_t^f = f(X_t) - f(X_0) - \int_0^t (\mathrm{L}f)(X_s)\mathrm{d}s$$

在概率测度 $\mathbb{P}$ 下是鞅, 其中 $L$ 由 (6.5.2) 定义.

例如, 若 $\sigma_j^i = \delta_{ij}$ 且 $b^i = 0$ (这时 $L = \frac{1}{2}\Delta$), 则 $(B_t)_{t\geq 0}$ 是

$$\mathrm{d}X_t = \mathrm{d}B_t$$

的强解且

$$M_t^f = f(B_t) - f(B_0) - \frac{1}{2}\int_0^t (\Delta f)(B_s)\mathrm{d}s$$

在 $\mathbb{P}$ 下是一个鞅. 另一方面, Lévy 的鞅刻画定理证明了其性质:

$$f(B_t) - f(B_0) - \frac{1}{2}\int_0^t (\Delta f)(B_s)\mathrm{d}s$$

是鞅蕴含着 $X_t^j$ 与 $X_t^j X_t^i - \delta_{ij} t$ 是鞅, 这完全刻画了 Brown 运动. 因此我们相信 $M^f$ 对所有 $f$ 是鞅这个特性应该可以完全刻画方程 (6.5.1) 的解 $(X_t)_{t\geq 0}$ 的分布, 因此刻画了 (6.5.1) 的弱解. 我们先给个定义.

**定义 6.5.1** 设 $L$ 是 $C^\infty(\mathbb{R}^n)$ 上线性算子, $(X_t)_{t\geq 0}$ 是 $(\Omega, \mathscr{F}, \mathscr{F}_t, \mathbb{P})$ 上连续随机过程, 那么我们说 $(X_t)_{t\geq 0}$ 与概率测度 $\mathbb{P}$ 一起是 $L$- 鞅问题的解, 如果对任何 $f \in C_b^\infty(\mathbb{R}^n)$

$$M_t^f \equiv f(X_t) - f(X_0) - \int_0^t Lf(X_s)\mathrm{d}s$$

在概率测度 $\mathbb{P}$ 下是局部鞅.

因此方程 (6.5.1) 在概率空间 $(\Omega, \mathscr{F}, \mathbb{P})$ 上的强解 $(X_t)_{t\geq 0}$ 是 $L$- 鞅问题的解, 其中 $L$ 由 (6.5.2) 给出且

$$M_t^f = f(X_t) - f(X_0) - \int_0^t Lf(X_s)\mathrm{d}s$$

在概率测度 $\mathbb{P}$ 之下是鞅. 更进一步, 因为

$$L(fg) - f(Lg) - g(Lf) = \sum_{k,l=1}^n a^{kl}\frac{\partial f}{\partial x^k}\frac{\partial g}{\partial x^l},$$

故我们有

$$\langle M^f, M^g\rangle_t = \int_0^t \{L(fg) - f(Lg) - g(Lf)\}(X_s)\mathrm{d}s.$$

反过来, 我们能够证明鞅问题的解就是方程的弱解. 让我们考虑一维情况.

**定理 6.5.1** 设 $b(\cdot)$ 与 $\sigma(\cdot)$ 是 $\mathbb{R}$ 上 Borel 可测函数且在任何紧集上有界,存在常数 $\lambda > 0$,使得 $\lambda^{-1} \leq \sigma(\cdot) \leq \lambda$. 设

$$L = \frac{1}{2}\sigma(x)^2 \frac{\mathrm{d}^2}{\mathrm{d}x^2} + b(x)\frac{\mathrm{d}}{\mathrm{d}x}.$$

如果 $(\Omega, \mathscr{F}, \mathbb{P})$ 上的连续随机过程 $(X_t)_{t\geq 0}$ 是鞅问题的解:对任何 $f \in C_b^2(\mathbb{R})$,过程

$$M_t^f = f(X_t) - f(X_0) - \int_0^t Lf(X_s)\mathrm{d}s$$

是连续局部鞅,那么 $(\Omega, \mathscr{F}, \mathbb{P})$ 上的 $(X_t)_{t\geq 0}$ 是方程

$$\mathrm{d}X_t = \sigma(X_t)\mathrm{d}B_t + b(X_t)\mathrm{d}t \tag{6.5.3}$$

的解.

在这里我们只概述其证明. 为了证明 $(\Omega, \mathscr{F}, \mathbb{P})$ 上的过程 $(X_t)_{t\geq 0}$ 是一个弱解,我们需要构造一个 Brown 运动 $B = (B_t)_{t\geq 0}$ 使得

$$X_t = X_0 + \int_0^t \sigma(X_s)\mathrm{d}B_s + \int_0^t b(X_s)\mathrm{d}s. \tag{6.5.4}$$

证明的关键是计算 $\langle X \rangle_t$,结果为

$$\begin{aligned}\langle M^f, M^g \rangle_t &= \int_0^t (L(fg) - fLg - gLf)(X_s)\mathrm{d}s \\ &= \int_0^t \left(\sigma^2 \frac{\partial f}{\partial x}\frac{\partial g}{\partial x}\right)(X_s)\mathrm{d}s.\end{aligned}$$

特别地,如果我们选择坐标函数 $f(x) = x$ (这时写 $M^f$ 为 $M$),那么

$$\langle M \rangle_t = \int_0^t (\sigma(X_s))^2 \mathrm{d}s,$$

这时由 Lévy 的鞅刻画定理推出

$$B_t = \int_0^t \frac{1}{\sigma(X_s)}\mathrm{d}M_s$$

是一个 Brown 运动. 显然 $(X_t, B_t)$ 满足随机积分方程 (6.5.4),因此 $(X_t)_{t\geq 0}$ 是方程 (6.5.3) 的解.

## 6.6 习题与解答

1. 解方程 $dX_t = rdt + \alpha X_t dB_t$. (提示: 利用因子 $\exp(-\alpha B_t + \frac{1}{2}\alpha^2 t)$)

2. (线性方程) 设 $U, V$ 是连续半鞅, $Z := \exp(V - V_0 - \frac{1}{2}\langle V \rangle)$. 证明: 方程 $dX = dU + X dV$ 有唯一解 $X = Z(X_0 + Z^{-1}.(U - \langle U, V \rangle))$.

# 参考文献

[1] Bauer, H., PROBABILITY THEORY AND ELEMENTS OF MEASURE THEORY, Academic Press, 1981

[2] Billingsley, P., PROBABILITY AND MEASURE, John Wiley & Sons, 1986

[3] Chung, K.L., A COURSE IN PROBABILITY THEORY, Academic Press, New York, 1974

[4] Chung, K.L., Williams, R.J., INTRODUCTION TO STOCHASTIC INTEGRATION, Birkhäuser Boston, Inc., 1983

[5] Doob, J.L., STOCHASTIC PROCESSES, Wiley, New York, 1953

[6] Durrett, R., BROWNIAN MOTION AND MARTINGALE IN ANALYSIS, Wadsworth Inc., 1985

[7] Dynkin, E.B., THEORY OF MARKOV PROCESSES, Prentice-Hall, Inc., Englewood Cliffs, New Jersey, 1961

[8] Feller, W., AN INTRODUCTION TO PROBABILITY THEORY AND ITS APPLICATIONS, Vol. 1(1959), 2(1970), Wiley & Son

[9] Halmos, P.R., MEASURE THEORY, Springer-Verlag, 1974

[10] Ikeda, N., Watanabe, S., STOCHASTIC DIFFERENTIAL EQUATIONS AND DIFFUSION PROCESSES, North-Holland, 1981

[11] Itô, K., Mckean Jr., H. P., DIFFUSION PROCESSES AND THEIR SAMPLE PATHS, Sringer-Verlag, 1965

[12] Novikov, A.A., On moment inequalities and identities for stochastic integrals, Proc. second Japan-USSR Symp. Prob. Theor., Lecture Notes in Math., 330, 333-339, Springer-Verlag, Berlin 1973

[13] Parthasarathy, K.R., PROBABILITY MEASURES ON METRIC SPACES, Academic Press, New York, 1967

[14] Revuz, D., Yor, M., CONTINUOUS MARTINGALES AND BROWNIAN MOTION, Springer, 1991

[15] Wiener, N., Differential space, J. Math. Phys. 2, 132-174 (1924)

[16] Yan, J.A., Critères d'intégrabilité uniforme des martingales exponentielles, Acta. Math. Sinica 23, 311-318 (1980)

[17] Yosida, K., FUNCTIONAL ANALYSIS, Springer-Verlag, 1980

[18] 王梓坤, 随机过程通论, 1,2, 北京师范大学出版社, 1996

[19] 汪嘉冈, 现代概率论基础, 复旦大学出版社, 1988

[20] 李漳南, 吴荣, 随机过程教程, 高等教育出版社, 1987

[21] 严加安, 测度论讲义, 科学出版社, 1998

[22] 何声武, 汪嘉冈, 严加安, 半鞅与随机分析, 科学出版社, 1995

[23] 应坚刚, 金蒙伟, 随机过程基础, 复旦大学出版社, 2005

# 索引

Borel 代数, 2
Brown 运动, 57
Brown 运动的鞅刻画, 119
不可能事件, 11
变量替换公式, 8
必然事件, 11
半鞅, 106
半鞅分解, 106

Cameron-Martin-Girsanov 公式, 139
测度, 4
测度空间, 4
乘积测度空间, 9

Dambis, Dubins-Schwarz 定理, 120
Doob 上鞅不等式, 32
Doob 分解, 44
Doob 有界停止定理, 27
Doob 有界停止定理, 连续时间, 40
Doob 鞅不等式, 31
Doob 鞅极大不等式, 连续时间, 43
单调收敛定理, 6
独立增量过程, 54
典则过程, 52
典则空间, 52

二次变差, 69

二次变差过程, 91

Föllmer 引理, 47
Fatou 引理, 8
Fubini 定理, 9
分部积分公式, 110
分布唯一性, 135
反射原理, 63

Girsanov 定理, 124
Gronwall 不等式, 141
轨道唯一性, 135
概率测度, 4
概率空间, 11

Itô 公式, 111
Itô 型方程, 134
Itô 等距, 81

Jensen 不等式, 21
局部化过程, 38
局部时, 132
简单函数, 6
绝对连续, 9
积分, 6
几何 Brown 运动, 137
几乎处处, 8

# 索引

几乎处处收敛, 13

Kolmogorov 0-1 律, 22
Kolmogorov 不等式, 连续时间, 43
Kolmogorov 相容定理, 52
可测空间, 2
可测映射, 6

λ-系, 3
Lévy 指数, 69
Lévy 测度, 69
Lévy 过程, 69
Lévy-Khinchin 公式, 69
Lebesgue 控制收敛定理, 8
$L^r$-收敛, 13

幂集, 1

Novikov 条件, 117

Ornstein-Uhlenbeck 过程, 137

π-类, 3

强解, 135

Radon 测度, 4
Radon-Nikodym 导数, 9
Riesz 分解, 45, 47
热核半群, 57
弱解, 135

σ-代数, 2
σ-有限测度, 4
上鞅, 32

随机过程, 36
随机微分方程, 133
随机指数, 115
实现, 12
数学期望, 12

Tanaka 公式, 131
条件数学期望, 18
停时, 35
停止过程, 38

Wald 鞅, 44
完备测度空间, 4

像测度, 6, 12
相容的有限维分布族, 50
循序可测, 38
下鞅收敛定理, 46
下鞅正则性, 47

Yamada-Watanabe 唯一性定理, 135
Yamada-Watanabe 条件, 141
鞅, 上鞅, 下鞅, 23
样本轨道, 36
鞅表示定理, 128
依概率收敛, 13
有界变差过程, 90
有界收敛定理, 9
有限维分布, 48
有限维分布族, 48
一致可积性, 14

增过程, 90
指数鞅, 115

**图书在版编目(CIP)数据**

随机分析引论/钱忠民,应坚刚编著. —上海:复旦大学出版社,2017.9(2023.10重印)
21世纪复旦大学研究生教学用书. 复旦大学数学研究生教学用书
ISBN 978-7-309-12568-9

Ⅰ.随… Ⅱ.①钱…②应… Ⅲ.随机分析-研究生-教材 Ⅳ.0211.6

中国版本图书馆CIP数据核字(2016)第229184号

随机分析引论
钱忠民  应坚刚  编著
责任编辑/陆俊杰

复旦大学出版社有限公司出版发行
上海市国权路579号  邮编:200433
网址:fupnet@fudanpress.com  http://www.fudanpress.com
门市零售:86-21-65102580  团体订购:86-21-65104505
出版部电话:86-21-65642845
江苏省句容市排印厂

开本787毫米×960毫米  1/16  印张10.25  字数169千字
2023年10月第1版第2次印刷

ISBN 978-7-309-12568-9/O・608
定价:30.00元

如有印装质量问题,请向复旦大学出版社有限公司出版部调换。
版权所有  侵权必究